A Curious Histoi
of
Food and Drink

# 我们曾吃过一切

[英]伊恩·克罗夫顿著／Ian Crofton

徐漪 译

清华大学出版社

北京

A CURIOUS HISTORY OF FOOD AND DRINK by IAN CROFTON copyright© 2013 by IAN CROFTON, text designed and typeset by ELLIPSIS DIGITAL LTD. This edition arranged with QUERCUS editions limited through BIG APPLE AGENCY, INC., LABUAN, MALAYSIA. Simplified Chinese edition copyright© 2016 Tsinghua University Press limited all rights reserved.

北京市版权局著作权登记号 图字：01-2016-4073

**图书在版编目 (CIP) 数据**

我们曾吃过一切 / (英) 伊恩·克罗夫顿著；徐漪译. — 北京：清华大学出版社, 2017 (2017.7重印)
书名原名：A Curious History of Food and Drink
ISBN 978-7-302-45431-1

Ⅰ. ①我⋯   Ⅱ. ①伊⋯ ②徐⋯   Ⅲ. ①饮食 – 文化史 – 世界   Ⅳ. ①TS971

中国版本图书馆 CIP 数据核字（2016）第 266121 号

责任编辑：宋成斌   王　华
封面设计：罗　岚
责任校对：王淑云
责任印制：宋　林

出版发行：清华大学出版社
　　　　网　　址：http://www.tup.com.cn，http://www.wqbook.com
　　　　地　　址：北京清华大学学研大厦 A 座　　　邮　　编：100084
　　　　社 总 机：010-62770175　　　　　　　　邮　　购：010-62786544
　　　　投稿与读者服务：010-62776969, c-service@tup.tsinghua.edu.cn
　　　　质量反馈：010-62772015, zhiliang@tup.tsinghua.edu.cn
印 装 者：清华大学印刷厂
经　　销：全国新华书店
开　　本：140mm×210mm　　印　张：8.375　　字　数：196 千字
版　　次：2017 年 4 月第 1 版　　　　　　印　次：2017 年 7 月第 2 次印刷
定　　价：39.00 元

产品编号：060581-01

# Introduction／前言

人类首次施展厨艺的确切时间恐怕已无从考证了，不过间接的证据表明这可能是 200 万年前发生的事情。甚至在那之前，我们的祖先也一定尝试过许多种野生的生冷食物，不仅包括肉类、鱼类和昆虫，还有水果、坚果、谷物以及菌类。毫无疑问，某一个（原始）人难以抗拒一把鲜红浆果或一块艳丽毒菌的诱惑时，这无疑也算得上是一种充满勇气的自我牺牲行为（当然也有可能是纯粹的贪婪和愚蠢）。他们的悲惨结局无疑为他人提供了清晰的警示——同时也无私地为他人铺平了进化的道路。

总体而言，人类——尤其是西方人——所乐于享用的食物范围，相较于他们所能够食用的范围要狭窄得多。昆虫及其幼虫基本上在食谱中绝迹了，但在本书中你还仍将看到诸如多汁的蜜蚁、香脆的金龟子幼虫以及蘸巧克力的蝉这样的精美小吃。罗马人将母猪和母牛的乳头，兔子的胎儿，以及——如果能弄到的话——野鸡和火烈鸟的脑子都视为美味佳肴。而今天我们愿意食用的动物身体的范围却大大缩减了——尽管对于一个打算吃肉的人来说，充分利用动物身体的所有部分应该是他道义上的责任。例如，曾令塞缪尔·皮普斯（Samuel

Pepys）甘之如饴的母牛乳房，如今已难得一见，而食用睾丸的现象则基本上局限于狂野的美国西部（至少在英语世界是如此）。

同样，我们的祖先会把他们所遇到的所有野生动物煮来吃——从大象、长颈鹿和河马，到松鼠、獾甚至是狐狸（这显然并不值得尝试）。这类食物的营养价值毋庸置疑，但是像木屑、干草或者维多利亚湖底的淤泥这样的"食物"可就不好说了——不过确实有人曾热心而又古怪地倡导食用它们。

然而本书将不仅仅涉及稀奇的食物。书中确实记述了各种真实的或者虚构的、离奇的而又奢华的宴席，从（古罗马小说）《萨蒂里孔》（Satyricon）之中特立马乔[1]家的筵宴（其中的亮点菜肴之一是"酒中游鱼"），到文艺复兴时期佛罗伦萨的炖锅聚会上的大餐，其中有一座由香肠、帕尔马干酪、明胶、糖以及杏仁蛋白糖建造的神殿。同时，本书也描绘了与之截然相反的，一位16世纪博洛尼亚诗人笔下的"吃不饱宴会"。菜单包括蝇头馅饼、蝙蝠爪冻以及炖青蛙脾脏。弄到足够的吃食来填饱肚子，想必也是萦绕在1846年聚集在约克郡登比戴尔（Denby Dale in Yorkshire），等候着分享巨大馅饼的那15000多人心头的愿望，而这次这只馅饼正是用来庆祝造成无数人长年挨饿的《谷物法》被废除的。

本书还记述了许多种菜肴的来历，从马伦哥鸡（Chicken Marengo）、西班牙煎蛋（Spanish Omelette）和内瑟尔罗德蜜饯布丁（Nesselrode Pudding），到三明治、萨赫蛋糕（Sachertorte）以及罗西尼牛排（Tournedos Rossini）。结果我们发现其中很多菜肴诞生的故事未必符合史实——可是又何必要去揭穿一个好故事呢……除此之外，读者还可以在书中各处找到各种历史上真实存在过的菜谱，从用发酵的鳀鱼内脏制成的罗马酱汁到"二战"期间用米粉冒充的假鱼肉，

---

1 特立马乔，Trimalchio，有一种说法是这个人物是盖兹比形象的灵感来源。——译者注

还有文艺复兴时期的一道羽毛齐全、口吐火焰的孔雀，一份中世纪英格兰人用七鳃鳗的血煮七鳃鳗的菜谱，以及一位12世纪的印度国王最喜欢的佳肴——烤老鼠。以上这些美味，今天的作者都不曾品尝，完全是出于历史角度对其感兴趣。毋庸赘言，读者诸君若有任何亲手实践这些菜谱的尝试，后果均请自负……

本书同样也顾及了烹饪历史中侧重于人物的部分。在此我们可以聆听教皇大格利高里（Pope Gregory the Great）关于饕餮的各种形式的教诲，佛祖释迦牟尼论粥的五大世俗好处；从本杰明·富兰克林（Benjamin Franklin）论如何避免尿液中带有芦笋气味，到威廉·柯贝特（William Gobbet）论饮茶的不良后果，D.H.劳伦斯（D.H. Lawrence）论西班牙葡萄酒，金斯利·艾米斯（Kingsley Amis）论西班牙美食，P. J. 欧鲁克（P.J. O'Rourke）论法国奶酪，以及猪小姐皮吉（Miss Piggy）（这是一位被低估的权威）关于避免吃到蜗牛的最佳心得；此外，还有希腊哲学家德谟克利特侬靠新鲜出炉的面包香味度日，埃及艳后克里奥佩特拉与马克·安东尼争相举办最奢华的盛宴，阿兹特克皇帝莫克特祖马用巧克力以增强性欲，以及一位法国大厨由于在一场皇家宴会上，鱼未能及时送到而羞愧难当，当场用自己的剑自杀了的故事；更加近期的内容有胖子阿巴克尔（Fatty Arbuckle）运用蛋奶馅饼的天才创作，玛丽莲·梦露曾担任卡斯特罗维尔洋蓟菜节女王（Artichoke Queen of Castroville）的经历，尼克松和老布什两位美国总统对某些绿色蔬菜的刻骨仇恨，以及宇航员约翰·格伦为了一个咸牛肉三明治而惹上麻烦——更不必说还有"什么都吃"先生（Monsieur Mangetout）（他曾经吃下一整架轻型飞机）的传奇，维也纳蔬菜乐团（Viennese Vegetable Orchestra）在音乐和美食上的双重才华，以及雷帝嘎嘎（Lady Gaga）与宝贝嘎嘎（Baby Gaga），一种用人奶做的冰激凌之间的过节儿。

伟大的法国美食家让·安泰尔姆·布里亚－萨瓦兰（Jean

Anthelme Brillat-Savarin）曾有一句名言："一道新菜的发现比一颗新星的发现给予人类更多的快乐。"本书正是奉献给那些永远渴望了解各种新鲜、奇异而又美妙的佳肴的饕餮之徒们（当然他们并不会把底线降低到考虑吃人肉，尽管吃人两个字总是不时闪现在本书的字里行间）。本书绝对不适合那些，用布里亚－萨瓦兰的话来说，就是"大自然剥夺了他们享用美味的能力"的人。布里亚－萨瓦兰还说，那些人总是拉长着脸，拉长着鼻子和眼睛；无论个子高矮，身上总有什么地方是瘦瘦长长的。他们长着深色、细长的头发，总是病恹恹的。正是这样的一个人发明了长裤。只有那些在大快朵颐之后心满意足地靠在椅背上松开腰带的人才会觉得，这本书正是为他们而写的。

伊恩·克罗夫顿

伦敦，2013 年 10 月

MENU

菜单

# 史 前 时 期

## /190 万年前 /

### 最早的厨师

美国哈佛大学的科学家 2011 年发表的研究表明，我们的远古祖先直立人（*Homo erectus*）中的某一位，大约在 190 万年前第一次学会了烹饪。论据是直立人的臼齿比其他类人猿的小，这表示我们的祖先可能只花费白天时间的 7% 在吃饭上面，而与之相对应的是，以黑猩猩为例，它们把白天三分之一的时间花在吃食上。哈佛大学的科学家提出，只有通过烧熟食物，直立人才能利用这么小的臼齿，以避免冗长乏味的咀嚼过程。烧煮也使我们的远古祖先从他们的食物中获取更多的热量，并拓宽食物范围——这是人类演化的关键一步。

## / 约公元前 10 万年 /

### 骨头上的痕迹

20 世纪 90 年代，在法国南部穆拉—盖尔西（Moula-Guercy）一座山洞中考察一个尼安德特人遗址的考古学家发现了刻有多条沟槽的人类骨骼。有人相信这些沟槽可能是野兽的牙齿造成的，也有人主张这是仪式性剔骨留下的痕迹。然而当在尼安德特人用工具屠宰的獐子骨头上发现了相同的痕迹之后，现在大家相信，至少某些群体的尼安德特人是吃人的。

2009 年，在德国莱茵兰—普法尔茨（Rhineland-Palatinate）的黑尔克斯海姆村（Herxheim）附近挖掘的考古学家发现了一大批更加晚近的骨骼——属于公元前 5000 年左右的人类。这些骨骼的年代跨度有数十年，显示了屠杀的明显迹象。仪式性剔骨仍然是一种可能性——但是，食人的可能性也不能排除。


## / 约公元前 6000 年 /

### 河马汤

考古学家发现的证据显示，最早的汤出现在公元前 6000 年左右，其中含有一头河马的骨头。一份晚近得多的河马汤菜谱可以在《阿尔伯特尼安萨，尼罗河的大盆地》（第一卷，1867 年）（*The Albert N'yanza, Great Basin of the Nile*）一书中找到，这是英国探险家塞缪尔·贝克尔（Samuel Baker）爵士关于他 1864 年探索非洲阿尔伯特湖的记录：

一道新菜！不再是假海龟汤——真正的龟汤像河马。

我尝试着把脂肪、肉和皮一起煮，结果皮看起来像海龟的绿色脂肪，不过要好吃得多。

头部的一块也如此煮熟，然后在醋中腌制，加入碎洋葱、辣椒和盐，让牛头肉完全黯然失色。

我的人都沉醉在一大锅河马汤中，到了日落时，我端出了格洛格酒（grog）……

根据老年非洲雇员说，河马的脂肪是相当甜美，甚至可以——在拌入调料之后——生吃。

## / 约公元前 2000 年 /

### 最早的面条

2005 年考古学家在中国的喇家村发现了世界上最古老的面条，这是一个史前地震的遗址。这些 4000 岁的面条被埋在一只陶碗中，一暴露到空气中就迅速氧化，化为尘土，不过从遗迹中科学家确定其是小米做的。

## / 约公元前 1400 年 /

### 巧克力（xocoatl）简史

最早种植可可树——从中我们可以获取巧克力——的证据来自洪都拉斯的一处遗址，时间可以追溯到约公元前 1400 年。巧克力这个词本身很可能源自纳瓦特尔语（Nahuatl）中 xocoatl 一词，意为"苦水"。纳瓦特尔语是阿兹特克人（Aztec）所说的语言，他们喝起巧克力来可了不得——莫克特祖马（Moctezuma），阿兹特克人最后一任皇帝，每次去拜访他的情妇之前，都要喝一大碗来增强自己的体力。

第一个品尝 xocoatl 的欧洲人是西班牙征服者埃尔南·科尔特斯（Hernan Cortes），当他 1519 年在阿兹特克人家里做客时被奉上了一碗（他后来向这些东道主发起进攻，消灭了他们，以此作为答谢）。同一世纪晚些时候，新世界一位西班牙耶稣会传教士何塞·德·阿科斯塔（José de Acosta），把巧克力形容为"一种奇怪的令人作呕的味道，含有泡沫或渣滓，尝起来很不愉快"。他继续说道：

> 然而，它是一种深受印第安人喜爱的饮料，他们以此款待穿越他们国度的贵族们。熟悉这个国家的西班牙人，无论男女，对这种巧克力都很贪嘴。他们自称会做许多种巧克力，有热的，有冷的，有温的，在其中加入那种"辣椒"。是的，他们把它做成酱，说是对胃有好处，还能祛痰。

爱德华·R. 爱默生（Edward R. Emerson）在《饮料的前世今生》（*Beverages, Past and Present*，1908 年）中，描述了按照 16 世纪中美洲土著人的喜好，在巧克力中加入辣椒所产生的效果：

> 只要小酌一口这种巧克力，就足以让人感觉在一个完全不同的世界里醒来，而对于到底自己身处哪个世界的疑虑也会立即打消。这时人已经对外部世界不感兴趣了，内心的新世界吸引了他全部的关注。

这种新饮料在西班牙流行开来，那里的人不再加辣椒，而代之以糖、香草及肉桂。17 世纪这一时尚传播到法国——在那里有些人相信它会带来出乎意料的后果，比如塞维涅夫人（Madame de Sévigné）的一封信中说：

> 去年怀孕的科厄特洛贡侯爵夫人（Marquise de Coëtlogon）喝了太多的巧克力，结果生出了一个像魔鬼一样黑的小男孩。后来死掉了。

伦敦的第一家巧克力馆在 1657 年开张，法国店主声称这种饮料能够"治疗和预防身体许多疾病"。许多巧克力馆纷纷开起来，不过它们在 1675 年被关闭了，因为查尔斯二世（Charles II）害怕它们成为煽动颠覆的巢穴。

1689 年在牙买加，著名医师和收藏家汉斯·斯隆（Hans Sloane）爵士第一次向这种饮料里加入牛奶，药剂师们随后将其作为各种各样疾病的处方。让·安泰尔姆·布里亚 - 萨瓦兰在他的《味觉生理学》（*Physiologie du goût*，1825 年）中盛赞巧克力是一种万应灵药：

于是，让每一个过于深陷于杯中物乐趣的人，每一个为工作牺牲了相当一部分睡眠的人，每一个原本聪慧却感到自己临时变蠢了的人，每一个感到空气潮湿，天气难以容忍，或是感到双手过于沉重的人，每一个被某个顽固的念头剥夺了思想自由的人——我们说让所有这些人都服用一大品脱[1]巧克力，每一磅[2]添加六七十粒琥珀，他们就能见证奇迹。

到这时为止，巧克力还是液体。直到 1847 年，英国贵格会（Quaker）的约瑟夫·弗莱公司（Joseph Fry and Co）找到一种制造固体巧克力的方法，生产出第一条巧克力棒。

---

1　1 品脱 = 0.568 升。

2　1 磅 =0.4536 千克。

# 古代世界

## / 约公元前 650 年 /

### 论甘草考古

最早的甘草记录，见于巴格达某些石碑上，日期可以上溯到公元前 650 年左右。亚述人用甘草治疗腿脚疼痛，也当作一种利尿剂。这个词本身来源于希腊语 *glykyrrhiza*，意思是"甜的根"。罗马人把甘草从地中海带到了不列颠，那里的人却把这件事与约克郡（Yorkshire）的庞蒂弗拉克特（Pontefract，与鲼鱼 Pomfret 音近）特别联系起来。故事是 16 世纪一位庞蒂弗拉克特的校长在访问英格兰东海岸时，发现了从西班牙无敌舰队的残骸中冲上海滩的甘草棒。他用这些棒子打学生，有一个学生咬到了打他的棒子，结果发现了一种新的美味。这个小镇后来以一种叫做鲼鱼饼的扁平的甘草甜食而闻名。

## / 约公元前 600 年 /

### 维纳斯汤

马赛市是由一群叫做福西亚人（Phoceans）的古希腊人建立

的。该市今天的居民把他们最著名的一道菜——马赛鱼汤（bouillabaisse）——的发明归于福西亚人。Bouillabaisse 这个词是两个奥克西唐语（Occitan）单词，*bolhir*（煮）和 *abaissar*（降温）拼成的，表示制作方法是先把汤煮开，再添加其他成分，然后再煮开，最后用小火煨。在罗马神话中，这是爱神维纳斯喂给她的丈夫火神伏尔甘（Vulcan）的，可她却跑去与情人战神玛尔斯（Mars）幽会。

## / 约公元前 535 年 /

### 粥的五大好处

释迦牟尼在寻求觉悟的初期，践行的是苦行之道，自我约束，每天食用不多于一个坚果或一片菜叶，直到饥饿虚弱，一位名叫苏耶妲（Sujata）的村姑还以为他是个灵魂。不过她还是设法用一碗大米粥和牛奶救醒了佛祖，后来佛祖阐述了粥的五大好处：促进消化、解渴、消除饥饿感、治疗便秘和祛除风寒。也正是在这件事之后，乔达摩才意识到觉悟来自于自我放纵和极端的禁欲主义之间的中庸之道。

## / 约公元前 440 年 /

### 阿拉伯大尾羊

古希腊作家希罗多德（Herodotus）（既以"历史之父"，也以"谎言之父"而闻名）在他的《历史》中描述在阿拉伯发现的两种绵羊，"在别处见不到的样子"：

　　有一种羊长着长尾巴，不小于 4 英尺半 [1.35 米 ] 长，如果让它们拖到地上，那一定会擦伤并造成溃疡。也就是说牧羊人要具备一定的木工技能，为自家羊的尾巴造一辆小车。小车放在尾巴下面，每只羊都有自己的车，把尾巴绑在车上。另一种羊有条宽阔的大尾巴，有时能达到 18 英寸 [45 厘米 ] 宽。

　　现代的大尾羊不再拥有这么华丽的身体器官了，不过它们自身仍然在北非和中东占据主导地位。尾部脂肪与它们自己体内的脂肪不同，非常易于融化，在当地美食中长期以来都是重要的烹饪用油。此外，大尾羊的肉通常比它们小尾巴的表亲（主宰欧洲和其他地方的品种）的肉要瘦，因为前者的脂肪集中在尾部，而不是四肢和躯干。

## / 公元前 401 年 /

**毒蜂蜜**

古希腊作家和战士色诺芬（Xenophon）的《长征记》（*Anabasis*）记录了他从灾难性的波斯战事中撤退，经过小亚细亚的经历，其中可以读到吃了采自彭土杜鹃（*Rhododendron ponticum*）紫红色花朵的蜂蜜之后的症状：

> 那些品尝了蜂蜜的士兵表现出来的症状，就好像没了头一样，同时还上吐下泻，完全无法站立。小剂量的效果很像严重醉酒，而大剂量则像是突发的疯狂，有些人倒地不起，一只脚踏入鬼门关。数百名士兵躺倒在地，犹如遭遇了一场大败，如同被最残酷的绝望所击倒。不过到了第二天，并没有一个人死去；而且几乎就在他们前一天吃蜂蜜的相同时间，他们恢复了知觉，到了第三天或第四天，他们的腿脚渐渐恢复力气，就像大病初愈那样。

在这其中起作用的毒素叫做梫木毒素（grayanotoxins），可以从杜鹃和其他杜鹃花科植物中找到。梫木毒素中毒的症状包括流涎、出汗、头晕、丧失协调性、重症肌无力和心率减慢。梫木毒素中毒只有极少数死亡案例；不久就会迅速恢复。公元前 69 年征战小亚细亚的古罗马将军庞培（Pompey）的军队也曾在吃了有毒的蜂蜜后中毒。

## / 约公元前 400 年 /

**比死亡更可怕的菜肴？**

斯巴达人鄙视任何形式的奢侈，他们的标准伙食是一种臭名昭著的 melas zomos，即"黑汤"，是一种猪肉汤、醋和盐做成的苦味的粥。醋的作用可能是在烹饪过程中防止猪血凝固。一位惊讶的锡巴里斯人（Sybaris）（这座位于意大利南部的古希腊城市给我们留下了"骄奢淫逸"（sybaritic）一词）写道：

斯巴达人当然是最勇敢的人；因为任何思维正常的人宁愿死一万次以上，也不愿意过这么悲惨的生活。

阿特纳奥斯（Athenaeus），

《欢宴的智者》（*The Deipnosophistai*）中引语（约公元 200 年）

## / 约公元前 370 年 /

### 极端的饮食

据说古希腊哲学家德谟克利特老年的时候，每天都把自己的饭菜减去一些，直至死亡。根据他的传记作者斯穆尔纳的赫尔米普斯（Hermippus of Smyrna）（主要活动于公元前 3 世纪）所说，当哲学家接近生命终点时，他的妹妹担心他的死亡会使她无法参加为期 3 天的播种宴会（Thesmophoria）的崇拜仪式。为了打消她的疑虑，德谟克利特用吸入新鲜烘焙面包香味的方式延续自己的生命，直至度过节日，随后他就平静地去世了。

## / 约公元前 350 年 /

### 论若虫之美味

在亚里士多德（Aristotle）的《动物志》（*History of Animals*）中，他推荐食用蝉，尤其是其若虫，因为成虫的外骨骼较硬。但是如果必须吃成虫的话，他建议吃怀着卵的雌虫。

## /约公元前 300 年 /

### 论肉桂的起源

虽然肉桂树原产于斯里兰卡，但是古人认为这种香料源于阿拉伯。亚里士多德在雅典学园（Lyceum in Athens）的继任者泰奥弗拉斯托斯（Theophrastus）记录说：

> 他们说它生长在山谷里，那里有致命的毒蛇，因此当他们去采集时需要保护好手和脚。采集回后他们把它分成三份，在太阳神面前抽签，太阳神赢取的他们就不要了。他们说一旦留给神，那些肉桂就会燃起火焰。这些当然都只是幻想。

## / 公元前 257 年 /

### 让我成为素食者，但不是现在

阿育王（Ashoka the Great），也称为 Piyadasi，是一个比今天印度还要大的帝国的统治者，他曾颁布了一系列诏书，其中表达了他的佛教信仰，命人将其雕刻在石柱上，树立在境内各处。其中包括下列这项逐步实行素食的宣言：

> 在深受天神眷顾的 Piyadasi 王的厨房里，以前每天都有数十万的动物被杀，做成咖喱。但是现在本诏书规定只杀三只动物——两只孔雀和一头鹿，并且不是每次都杀鹿。而且逐渐地，这三只动物都不杀。

### 辛辣之爱

古罗马喜剧作家普劳图斯（Plautus）描述一些厨师喜欢用味道辛辣的植物和重味香料给他们的菜肴带来重口味，他说"他们的调料手法就好像"尖叫的猫头鹰要把客人的内脏活活咬出来吃掉一样"。古罗马人显然喜爱浓烈的味道，他们对鱼酱（garum）的偏爱就是明证，这种几乎无所不在的咸味酱由发酵的鱼制成，他们用来就着所有的食品吃。可以追溯到大约公元 1 世纪的阿比鸠斯（Apicius）食谱，其中显示了古罗马人对浓烈味道的爱好是多么的无所不在——例如，他的火烈鸟菜谱包括醋、小茴香、芫荽、胡椒、香菜、阿魏根、薄荷、芸香和椰枣。阿比鸠斯说，同样的菜谱也适用于鹦鹉。至于鱼酱（也被称为鱼露 liquamen 或 muria），阿比鸠斯有一个使用红鲻鱼肝脏的更加昂贵的版本，还有一个更加辛辣的版本，要用到鱼血、鳃和内脏，并加入盐、醋、酒和草药。混合物被放置在阳光下发酵三个月，然后压缩装瓶。许多古罗马城镇都大规模地生产鱼酱，有时气味能够强烈到迫使当局暂时叫停生产。

### 发酵的鱼内脏

名为《农书》（Geoponica）的 10 世纪的拜占庭文件汇编中有一份鱼酱的菜谱，这是古罗马人最喜欢的酱料：

在任意一种小鱼，如鲻鱼、鲱鱼或凤尾鱼的内脏里按照 1:8 的比例加盐。让混合物在阳光下发酵几个月。抽出液体并过滤。可以用作你能想到的任何菜肴的配料。

古罗马剧作家塞内卡（Seneca）在他的《书信集》（Epistles）

中抱怨鱼酱"用腌制的腐败物质烧坏了胃",而诗人马提亚尔（Martial）则在他的《短诗集》（*Epigrams*）中宣称，如果一个女孩一次吃下六份鱼酱，一个人还能对她保持激情的话，那么这个人就当得起任何的赞美。

# / 约公元前 200 年 /

## 阿育吠陀式饮食

阿育吠陀（Ayurveda）医学一些最早的文本大约是公元前 200 年在印度编制的。在阿育吠陀医学中，吃正确的食物被认为是健康所必需的，为了这一目的，食物被分为热性和凉性，并分成六种味道：辣、酸、咸、甜、涩与苦。热性食物，包括肉和胡椒等，是咸的、酸的或是辣的，能够(根据该理论的说法)造成出汗、炎症、干渴、疲劳和消化过快。而凉性的食物，如水果和牛奶等，则是苦的、涩的或是甜的，能引起平静和满足的感觉。在炎热的天气里，吃凉性的食物如牛奶粥，能够帮助身体节约能量。在凉爽的天气里，则可以吃一些厚实的食物，如肥肉、葡萄酒和蜂蜜，因为身体有精力来消化它们。一个人居住的地方也需要考虑：在潮湿的沼泽地区，人们应该吃热性、厚重的食物，如蜥蜴肉，而平原居民则应该吃清淡的食物，如黑羚羊。今天很多的印度烹饪术旨在寻求混合热性和凉性的食物，并用多种方式巧妙地组合六种味道。

## 圣牛

在印度较早的时期，吃牛肉是允许的（后来被印度教徒完全禁止）。在《摩诃婆罗多》（*Mahabharata*）中曾提及婆罗门（祭司种姓成员）坐享丰盛的牛肉大餐。但是，印度医术警告说，由于牛肉"厚重、热性、油腻而又有甜味"，它难以消化，吃起来必须小心翼翼，而且只有那些积极运动的人才能吃。不过牛肉汤却被看做是一剂灵药，尤其是对于任意一种消耗性疾病的患者而言更是如此。食用牛肉至少延续至公元 1 世纪。

牛成为神圣动物，可能是由于其作为拖曳动物和牛奶来源的重要性日益突出。17 世纪在莫卧儿王朝宫廷停留很长时间的意大利旅行家尼可拉·马努奇（Niccolao Manucci），在他的《莫卧儿王朝史》（Storia do Mogor）中说"这些人憎恶吃牛肉的行为"，并且描述了印度教徒为了清洁自己的罪行，乐于食用牛的神圣产物：牛奶、黄油、牛粪和尿液的混合物。

## / 公元前 181 年 /

### 禁奢法

为了抵制被认为是逐渐堕落的现象，古罗马元老院颁布了 Orchia 法，该法不但规定了什么等级的人应该穿什么样的衣服，还限制了一场宴会所能邀请的人数。随之而来的是公元前 161 年的 Fannia 法，规定一个人一顿饭不能吃超过三道菜（如果有特别的庆祝活动则是五道）。进口食品，如贝类和"来自另一个世界的奇奇怪怪的鸟类"都被禁止，而后来的一部 Aemilia 法，又禁止了罗马人最喜欢的一道佳肴——填馅睡鼠。

禁止奢侈的法律——尽管几乎不可能执行——再地出台，一直延续到中世纪后。1336 年英格兰一部法律禁止人们一顿饭超过两道菜，不过在宗教节日允许吃三道菜——而且这部法律还特别指出汤算是一道正菜，而不能算是酱料。英格兰在 1517 年通过的另一部法律，则根据人的等级限制菜数：枢机主教可以有 9 道菜；

公爵、大主教、侯爵、伯爵和主教允许有 7 道菜；小领主、伦敦市长、嘉德骑士和修道院院长可以有 6 道菜。收入少于 100 英镑，但超过 40 英镑的人可以享用 3 道菜。

在其他文化中发现了类似的区别待遇。托马斯·罗伊（Thomas Roe）爵士在 1615—1619 年作为詹姆斯一世国王（James I）驻莫卧儿王朝大使在印度时，他的牧师爱德华·特里（Edward Terry）在一场宴会上注意到，由于他的等级较低，得到的菜比托马斯爵士少 10 盘。原来一位普通牧师只能享有 50 碗菜。

## / 约公元前 100 年 /

### 用盐付报酬

有一部分发给古罗马士兵的报酬被称为 *salarium*，因为这是用来买盐（在拉丁语中是 *sal*）的——盐既可以用于调味又可以用于保存食物。这个词后来表示全部的报酬，也就是现在英语里的工资"salary"，以及表示"不称职"的说法"not worth his salt"。沙拉"salad"一词最初也是由此而来，因为在古罗马人制作的蔬菜沙拉中，盐是关键的成分。

## / 公元前 63 年 /

### 论保持水准之重要性

古罗马将军卢基乌斯·李锡尼·卢库鲁斯（Lucius Licinius Lucullus）从小亚细亚的第三次米特拉达梯（Mithradatic）战争中凯旋，带回了很多战利品，使他成为古罗马最富有的人之一。他以承建宏伟的建筑工程、赞助艺术与科学，以及主办壮观奢华的盛宴而闻名。普鲁塔克（Plutarch）告诉我们，有一天晚上，卢库鲁斯罕见地一个人吃饭，却惊愕地发现他的饭桌不像往常习惯的那样铺张。他向一名仆人表达不满，仆人抱歉地解释说，他们以为主人独自进餐，饭菜就无须像往常那样丰盛了。卢库鲁斯对比愤愤不平，"你不知道，"他咆哮道，"今晚卢库鲁斯将与卢库鲁斯共进晚餐吗？"

## / 公元前 43 年 /

### 名叫鹰嘴豆的罗马贵族

古罗马演说家和政治作家马库斯·图利乌斯·西塞罗（Marcus Tullius Cicero）死于 12 月 7 日。普鲁塔克说他的姓氏源自一位祖先的缺陷，即鼻子形状像一粒鹰嘴豆——拉丁语就是 cicer。不过更有可能的是，他的祖先做鹰嘴豆生意很成功。其他高贵的罗马家族也有豆科植物的姓氏，如雷恩图卢斯（Lentulus）意为小扁豆"lentil"，皮索（Piso）意为豌豆"pea"，还有费边（如"拖延者"昆图斯·费边（Quintus Fabius Cunctator），使用拖延战术在意大利拖垮了汉尼拔（Hannibal）的军队的那位将军，费边社也以他的名字命名）意为豆子"bean"。

## / 约公元前 40 年 /

### 沐浴驴奶

据说埃及艳后克里奥佩特拉每天用驴奶洗澡，以保持皮肤的青春和美丽。为了满足她每天沐浴所需的奶，显然需要 700 头左右的驴。老普林尼（Pliny the Elder）在他的《自然史》（公元 1 世纪）中描述了驴奶的美容作用：

> 人们普遍认为驴奶能够消除面部皱纹，使皮肤细腻、白皙。众所周知，有些女性习惯于每天用驴奶洗脸 7 次，而且严格遵守这一数字。尼禄（Nero）的皇后波培娅（Poppaea）是第一个这么做的人，并且，她还用驴奶坐浴，为此她在旅行时曾要整队母驴陪同。

普林尼建议用驴奶治疗许多种疾病，从发烧、溃疡到哮喘、便秘，还说其能够解某些毒，包括白铅。这可能就是伊丽莎白时代一些富裕的妇女用驴奶来清洗脸上的化妆品——其中主要是白铅的原因。

# / 约公元前 35 年 /

### 奢侈

普鲁塔克在他的《希腊罗马名人传》（*Parallel Lives*）中记录了伟大的古罗马将军马克·安东尼（Mark Antony）在埃及陪伴情人克里奥佩特拉时，餐饮的安排情况：

> 总而言之，阿姆菲萨（Amphissa）的医生菲罗塔斯（Philotas）曾经告诉我的祖父拉姆普里亚斯（Lamprias），他当时正在亚历山大（Alexandria）学习专业知识，与一位皇家御厨交好，他轻易地说服这位厨师（当时他也是一位年轻人），让他看一看皇家晚宴奢侈的烹饪过程。于是，他被带进厨房，见识了极度丰富的各类食材，还有 8 头野猪正在烘烤。他表示惊讶，不知道会有多少宾客来吃这些。厨师大笑道："客人不很多，只有大约 12 个人，但是呈到客人面前的菜肴必须完美、迅速。因为有可能安东尼一会儿要马上吃饭，

一会又要推迟用膳，先来杯葡萄酒，或是又陷入长谈之中。所以说，不是要准备一顿晚饭，而是许多顿，因为准确的时间很难掐准。"

安东尼与克里奥佩特拉曾打赌谁能办出最昂贵的宴会。在一场克里奥佩特拉举办的盛宴之后，安东尼发现这似乎不如他前一天晚上所举办的更加豪华。为此，克里奥佩特拉从耳朵上摘下一颗硕大的珍珠，碾碎了撒到葡萄酒中，随后一饮而尽。最终赢得了赌注。

### 看不到凤尾鱼的凤尾鱼砂锅

生活在公元 1 世纪古罗马的富有商人阿皮基乌斯（Apicius）是美食家，著有著名的菜谱集《论烹饪》（*De re coquinaria*），其中以拉丁语记载了一道看不到凤尾鱼的凤尾鱼砂锅（Patina de apua sine apua）的制作方法，翻译如下：

把焙炒或煮熟的凤尾鱼细细切碎，分量足够一份砂锅什锦菜，或是按照你的个人喜好随意增减。加入一些胡椒粉和一点点芸香；浇上足够的高汤、一点儿橄榄油，在砂锅中与鱼肉一起搅拌。再打入生鸡蛋，在砂锅中搅拌。在上面放上海荨麻水母，但不要与鸡蛋混合。盖上砂锅，小心不要让海荨麻水母碰到鸡蛋，在汤汁收干以后，撒上胡椒粉就可以上菜了。饭桌上谁也不知道自己吃到的是什么菜。

最后一句晦涩难懂的评价——以及菜名本身——表示这道菜如此奇妙（注意其中所使用的是新鲜凤尾鱼而不是腌制过的），其中的真实成分变形得谁也认不出来了。

# / 公元 43 年 /

### 依法释放

在皇帝克劳狄乌斯（Claudius）统治下，罗马元老院通过了一项法律，允许在宴会上放屁。克劳狄乌斯一直担心把气体憋在体内会损害一个人的健康。

# / 公元 55 年 /

### 试毒员未能防止毒杀

在罗马，先皇克劳狄乌斯 13 岁的儿子不列塔尼库斯（Bri-tan-nicus），皇位继承人、尼禄（Nero）的竞争对手，成了一条奸计的受害者。他在一场盛宴上得到一杯饮品，让他的试毒员先品尝。试毒员呷了一口，没有什么异样，于是把杯子递给不列塔尼库斯。

后者觉得饮品太烫了，于是一个名叫洛卡丝特（Locusta）的仆人（此人或许还用致命的毒蘑菇毒死了皇帝克劳狄乌斯）给饮品加水降温。洛卡丝特事先在水里下了毒，不列塔尼库斯喝过饮品后就口吐白沫一头栽倒，很快就死了。尼禄后来声称不列塔尼库斯患有严重的癫痫。

## 特立马乔（Trimalchio）的盛宴

古罗马朝臣兼作家盖厄斯·佩特罗尼乌斯·阿尔比特（死于公元66年）在他的《萨迪利空》（Satyricon）一书中嘲讽了自命不凡的暴发户。在题为"特立马乔的盛宴"的章节中，获得自由的奴隶特立马乔在其请来的宾客面前堆积了难以形容的和离谱的菜肴。简单来说，从下面佩特罗尼乌斯令人印象深刻的描述的简化版本，读者可以体会其奢华的程度：

白色和黑色橄榄

用蜂蜜和罂粟调味的睡鼠

在银烤架上烤得滚烫的香肠，其下是硕大的李子和石榴子

假孔雀蛋，即酥皮点心包着胡椒蛋黄，其中还有一只娇小的肥麦鹟

母猪的后边乳头

在葡萄酒中游泳的活鱼

一只野兔两侧插上鱼鳍，使它看起来像一匹飞马

第一级的野猪，围着杏仁膏制小猪，体内塞着活的黑鸟，当野猪的侧面刺穿时会飞出来

一整只猪，当它的肚子剖切开时会掉出一堆香肠，就好像猪的肠子掉出来一样

一头煮熟的小母牛，头上戴着头盔，由一位装扮成疯狂埃阿

斯（Ajax）的人切肉，他用剑尖插着烤肉递给客人

随后奉上乳酪蛋糕和水果馅饼，周围是各种各样的苹果和葡萄，轻轻一碰就会流出香喷喷的美味汁液

## / 公元 69 年 /

### 弥涅耳瓦（Minerva）之盾

根据古罗马历史学家苏埃托尼乌斯的说法，皇帝维特里乌斯（Vitellius）曾派遣密使到帝国偏远地区去寻找梭子鱼的肝，野鸡和火烈鸟的脑子，以及七鳃鳗的脾脏——这些都是一道叫做"弥涅耳瓦之盾"的菜肴的关键成分。有一位经常陪同皇帝用膳的人，因病而缺席几天之后，曾感谢上苍让他痊愈，"否则，"他说，"我会馋死的。"维特里乌斯本人只在帝位上安坐了 8 个月，继位 12 个月后他就被继任者韦斯巴芗（Vespasian）下令处死了。

## / 公元 79 年 /

### 甜菜根、硼与寻欢作乐 Bunga-Bunga

古罗马城市庞贝（Pompeii）毁于维苏威（Vesuvius）火山爆发。在废墟中，一所妓院的壁画上画有一些人正在喝类似于红酒的饮料，不过学者们现在认为这可能是甜菜根汁，其在古代世界曾被当成一种催情药。考古学家在废墟中还发现了甜菜根存在的线索，事实上这种蔬菜富含矿物质硼，有可能会激发性激素产生，这也印证了这种古老的信仰。

### 吃饱无花果的猪

老普林尼在死于维苏威火山爆发之前不久出版的《自然史》中，描述了与其时代相近的美食家阿比鸠斯，是如何改造当时已经很成熟的给鹅过度喂食，扩大其肝脏的技术的（这一技术埃及人早在公元前 2300 年就已发明）：

阿比鸠斯有一个发现，我们或许可以用同样的方式来人工增大母猪的肝，像鹅肝一样。方法是用无花果干把它们塞饱，等到它们足够肥之后，就用混有蜂蜜的葡萄酒把它们淋湿，然后马上宰杀。

无花果与肝脏的关系如此紧密，以至于现代法语中的"肝脏"一词 *"joie"*，实际上就来自于拉丁语中的"无花果"——*"ficatum"*。

## / 约公元 90 年 /

### 病态盛宴

皇帝图密善（Domitian）举行了一场宴会，宾客们被领入一间阴沉的房间，在其中令他们警觉的是，他们的座位是用墓碑标记的。赤裸的黑皮肤男孩奉上用黑色盘子盛放的烧焦的肉，而皇帝谈论的全都是暴死与谋杀。客人们一定认为自己得罪了皇帝，要大难临头了。不过当他们回家时，却发现图密善已经送上门来的不是刽子手，而是昂贵的礼物。

同样一场阴郁的晚餐发生在 1783 年 2 月 1 日的巴黎，东主是时年 24 岁的亚历山大 - 巴尔萨泽 - 洛朗·格里莫·德·拉·瑞尼耶（Alexandre-Balt-hazar-Laurent Grimod de la Reyniere）——日后被公认为第一位专业美食评论家。格里莫曾以讣告的形式发出邀请，而当宾客们到达的时候，他们在餐桌正中看到的是一口棺材，还有代表一年中每一天的蜡烛。这件事震惊了巴黎的上流社会，后来被命名为 souper scandaleux（即"丑闻晚宴"）。这场晚宴的一个后果是，倍感尴尬的格里莫家族取消了他的继承权，并送他去修道院待了一段时间。

许多年后的 1812 年，格里莫已经疏远了巴黎的许多人，并且难以掩饰他对拿破仑的反感，他发出通告，宣告自己的死亡，上面还写明了他的送葬队伍离开他位于香榭丽舍大街（Champs-Elysees）的家的确切日期和时间。当他少数几名密友按时来到他家时，在大厅里看到一张围着蜡烛的灵床。他们随后被静默地带进里屋，在那里他们惊讶地发现了一桌盛宴，满面笑容的格里莫坐在餐桌尽头——高兴的是他留给真正朋友的位置与到场的人数正好一致。

## / 约公元 100 年 /

### 领会堕落的诀窍

古罗马诗人马提亚尔曾在他的《短诗集》中指出，富人宴会上有一道菜是"母猪乳头"——马提亚尔抱怨说有一位客人不但吃了自己的份额，还把更多包装进餐巾带走。就是这种贪婪的氛围，古罗马的老饕们都习以为常，他们训练自己不怕烫，从而能够抢在别人之前扫光盘子，这样才能抢先吃到后来更加美味的菜肴。大约在马提亚尔写作的同一时期，讽刺作家尤维纳利斯（Juvenal）也嘲笑他的同胞们除了"面包和杂耍"，对什么都没有兴趣，并挖苦一个名叫克里斯平（Crispinus）的富人在一条 6 磅（合 2.7 千克）

重的鲻鱼上花了 6000 个塞斯特斯 [1]。

这些富有的古罗马人青睐的美食还有：兔子的胚胎、母猪和母牛的外生殖器、用牛奶和小麦喂养的肥到壳里已经装不下的蜗牛，以及用奴隶咀嚼过的粟米和无花果饲养的画眉鸟。那些想要更大惊喜的人会吃到须鲷鱼（goatfish），它们会被活着放在桌上，这样在它们痛苦地、缓慢地窒息而死的过程中，宾客们能够欣赏到它们的鳞片渐渐变得鲜红。另一个财富与地位的象征是特洛伊猪，是一场根据特洛伊木马故事改编的自以为好笑的演出，这是一头烤全猪，肚子里塞满香肠，上桌时是站立的。当它的肚子被剖开时，香肠就跌落出来，好像是猪的肠子掉落下来一样。

---

1 塞斯特斯，sesterces，古罗马货币。——译者注

# 中 世 纪

## / 约公元 600 年 /

### 定义暴食

教皇额我略一世（Gregory I），又叫做圣大额我略（Gregory the Great），曾定义了七宗罪之一——暴食的五个方面，并引用圣经段落作为理由：

1. 在进餐时间之前吃："你父亲曾叫百姓庄严地起誓说，今日吃什么的，必受诅咒。因此百姓就疲乏了。"约拿单说："我父亲连累你们了。你看，我尝了这一点蜜，眼睛就明亮了。"《撒母耳记上》14:28-29

2. 寻求以美味佳肴来满足"邪恶的口腹之欲"：他们中间的闲杂人大起贪欲的心。以色列人又哭号说："谁给我们肉吃呢？我们记得在埃及的时候不花钱就吃鱼，也记得有黄瓜、西瓜、韭菜、葱、蒜。现在我们的心血枯竭了，除这些以外，在我们眼前并没有别的东西！"《民数记》11:4-6

3. 追求酱料与调料：这一条似乎是来自大祭司以利（Eli）的儿子何弗尼（Hophni）和非尼哈（Phinehas）把献祭的最好的肉据为己有，以及因此罪过而被杀的故事。《撒母耳记上》4:11

4. 吃得太多：看哪，你妹妹所多玛的罪孽是这样的：她和她

的众女都心骄气傲，粮食饱足，大享安逸，并没有扶助困苦和穷乏人的手。《以西结书》16:49

5. 过度渴望进食，即使是一个并不贪吃的人，面对的是普通饭菜：圣经中的典型是以扫（Esau），他以为了"饼和红豆汤"而将长子的名分卖给兄弟雅各布（Jacob）而闻名。《创世记》25:29-34

## /732 年 /

### 马肉诏书

教皇额我略三世曾发布过教皇诏书，禁止食用马肉，指其为"不洁和恶劣的行为"。他的目的是支持圣波尼法爵（St Boniface）在德国传教的使命，那里的异教部落在祭拜欧丁神（Odin）的仪式上会吃马肉。冰岛的诺斯人（Norse）也嗜好马肉，并且以此为理由拒绝皈依基督教，直到 999 年获得教会给予的特别赦免为止。

## /约 800 年 /

### 论大蒜的防御力

盎格鲁 - 撒克逊草药书记载了一个保护自己抵御邪恶精灵的万无一失的方法，是一种大蒜、苦菜、韭菜、茴香、黄油和羊脂肪的混合物。

### 爱尔兰的战斗盛宴

爱尔兰传奇《Mac Dathó 之猪的故事》（Scéla Mucce Meic Dathó）中描述了在一场盛宴上，武士们是如何为了"冠军肉"，即最上好的一块肉而争执的：

兵器撞击之声不绝于耳，直到横尸堆积到屋子半空，鲜血流淌到大门口。主人们破门而去，随后人们在院子里再次狂饮，每个人又与邻座争斗起来。

## /约850年/

### 卡尔迪（Kaldi）与咖啡豆

传说阿拉伯牧羊人卡尔迪发现他的羊群在吃了某一丛灌木中的鲜红色浆果后，就会变得特别活跃。他自己尝了尝，也感到兴奋，于是就采了些浆果送到一位穆斯林圣人那里。但是圣人不喜欢这种浆果，他把这些浆果扔到火里，结果它们却散发出一阵奇妙的芳香。急于探究这一奇迹的卡尔迪忙从火中把被烘烤的果子耙出来，磨成粉末用热水一冲——世界上第一杯咖啡就产生了。

可是卡尔迪的故事直到1671年才见诸书面记载，而且这个故事几乎可以肯定是杜撰的：野生的咖啡树原产于埃塞俄比亚，可能15世纪才传到阿拉伯。这个词本身可能是来自14世纪晚期埃塞俄比亚王国语言中的Kaffa。而阿拉伯词典编纂者则认为阿拉伯语中的 *qahwah*（突厥人发音作 *kahveh*）原来是指某种酒，而且最初是来自动词 *qahiya*，"没有食欲"——这显然是大量摄入咖啡因的效果之一。

## /857年/

### 污染的黑麦

在 科 隆（Cologne）编 制 的《 克 桑 滕 年 鉴 》（*Annales*

*Xantenses*）中记录说，在这一年"一场肿胀水泡的大瘟疫以令人厌恶的腐烂症状袭扰人民，在患者死亡之前，四肢都已经掉落"。这被认为是麦角中毒的坏疽性影响最早的记录，这种病又被称为圣安东尼之火或者是流行性舞蹈病，是由于食用了被紫色麦角菌（*Claviceps purpurea*）污染的黑麦面包（或其他谷物制品）而引起的症状。这种真菌所产生的生物碱，不但导致坏疽，也使人抽搐和产生幻觉——其中的一种生物碱麦角胺，与迷幻药 LSD 结构相似。欧洲的疫情直到 19 世纪末才结束。

## / 约 880 年 /

### 禁止杀人公牛上餐桌

阿尔弗雷德大帝（Alfred the Great）统治时期的法律规定，禁止食用曾经抵死过人的公牛。杀人的牲畜必须以石刑处死。

## / 约 900 年 /

### 谜语

盎格鲁 - 撒克逊人喜欢这样一条谜语：

我是一个奇妙的生物，给女人们带来喜悦，给身边的人带来帮助。我对人无害，除非是伤害我的人。我的地位崇高；我站在床上；下面毛茸茸。有时会有一个农民的漂亮女儿，一个勇敢的女人冒险抓住我，攻击我的红皮肤，砍了我的头，夹碎了我。她抓着我，这个卷发女人，马上就要尝到我的厉害——她的眼睛就要流泪。

答案是：洋葱。

帮助丈夫

Bald's *Leechbook*——一本盎格鲁 - 撒克逊草药书——建议被女性喋喋不休困扰的丈夫在晚上就寝前吃一个萝卜。

# /1104 年 /

邓莫（Dunmow）培根

佳戈·贝亚德（Juga Bayard）女士在埃塞克斯郡（Essex）的邓莫设立了一项传统，任何能够双膝跪在教堂门口两块尖石上，发誓一年零一天既没有参与任何家庭争执也没有后悔结婚的人就可以获得一块（肥）培根。这项传统看来好像已存在数个世纪，而且出现在许多文学作品，如乔叟（Chaucer）的《坎特伯雷故事集》（*Canterbury Tales*）里的《巴斯妇人的序言与故事》（*The Wife of Bath's Prologue and Tale*）中：

> 培根不是他们而取来，我相信，
> 埃塞克斯郡邓莫的某些人。（原文为中古英语）

这一传统在 1855 年再度复兴，自那以后，每个闰年的 6 月，由 6 位本地单身汉和 6 位本地少女组成的委员会评选出一对在过去的一年零一天里，完全生活在满意与和谐之中的夫妻，并奖励他们一块培根。

心乐之道的烤老鼠

在 1126 年和 1138 年之间统治印度南部西遮娄其（Western Chalukya）帝国的娑密室伐罗三世（Somesvara III）国王，是梵语经典《心乐之道》（*Manasollasa*）的作者，该书主要论及高贵的乐趣，尤其是食物。他描述的菜肴范围广泛，从麻辣乳酪酱蘸小扁豆饺子、肥猪肉加小豆蔻，到油炸乌龟和烤老鼠。下面是菜谱中记述的烤老鼠的制作过程：

> 挑选一只在农田里或河堤上抓到的强壮的黑老鼠。
>
> 抓住尾巴在热油中烹炸，直到毛发除尽。
>
> 用热水漂洗，切开肚子，用酸芒果和盐来煮其内脏。
>
> 或者，用竹签串起来，在烧红的炭上烤。
>
> 当老鼠烤熟之后，撒上盐、孜然和小扁豆粉。

# /1135 年 /

### 过量的七鳃鳗

英格兰国王亨利一世（Henry I）死于12月1日，享年66或67岁，据说是死于吃七鳃鳗过量（不过更有可能是死于食物中毒）。亨利当时在诺曼底（Normandy），根据当时的编年史作者亨廷顿的亨利（Henry of Huntingdon）说，有一天，他在狩猎之后感到很饿，就要了一份七鳃鳗。七鳃鳗是一种外形丑陋的无颚寄生鱼类，长久以来都被看做一种美味。不过，根据体液理论，这种鱼是非常寒性和湿性的（而且比其他鱼类都厉害），所以必须浸在酒中杀死，随后用暖性的草药和香料烘焙。亨利的医生曾警告他不要吃这些，但是国王置若罔闻，结果马上就产生了"破坏性的体液"，伴随着"突然而猛烈的惊厥"。随后不久他就去世了，尸体被缝进牛皮中带回英格兰，在那里他被安葬于雷丁修道院（Reading Abbey）。

尽管有这样令人警觉的故事，七鳃鳗直到19世纪都在英国流行，在法国卢瓦尔（Loire）地区现在仍有食用，在芬兰则是以熟食和烟熏的形式。1633年，日记作者塞缪尔·佩皮斯庆祝他的肾结石清除的周年纪念日——他很幸运地在这场痛苦的手术中幸存了下来——庆祝的形式是一道他特别钟爱的佳肴：七鳃鳗馅饼。

### 浇汁七鳃鳗

以下的七鳃鳗菜谱摘自《高贵烹饪书》（*A Noble Boke of Cokery*），这是一本15世纪的手抄本。

取一条行动敏捷的[活的]七鳃鳗，使其从肚脐位置流血，放在砂锅中任其流血；

用干草烧灼，随后洗净，将其插在烤肉杆上；烧烤时把盛血的容器放在七鳃鳗下面，把鱼身上流出的液体都收集起来；

取洋葱若干，切成小丁，放进容器中加酒和水，煮至正好半熟；再排去水，放在一个很大的容器里；

取肉桂粉[肉桂或桂皮均可]和酒，用滤网过滤，再撒到洋葱上，将其放到火上煮沸；

加一些醋和西芹，加少量胡椒；加入血和七鳃鳗流出液，一起煮沸，直至汤汁浓稠，随后加入姜粉、醋、盐和少量藏红花；

等到七鳃鳗烤熟时，放到一个平的餐具上，把所有酱料浇上去，即可上桌。

# / 约 1150 年 /

### 令人遗憾的副作用

意大利南部萨莱诺（Salerno）著名的医学院中的医生们发现，大蒜在与疾病的斗争中是一把双刃剑。他们用下面的对偶句来总结他们的看法：

想要得到大蒜起死回生的神奇，

就得忍受它那令人厌恶的气息。

7 个世纪之后，比顿（Beeton）夫人在《家政管理之书》（*The Book of Household Management*，1861 年）中彻底否定大蒜："这种植物的味道通常被认为是极其讨厌的，而且在整个葱蒜家族中是最辛辣的。"

### 胡椒籽租金

在斯蒂芬（Stephen）与玛蒂尔达（Matilda）争夺英格兰王位的内战期间，硬币变得非常稀少，以至于房租都是用名贵香料支付的，特别是胡椒籽粒，因为它们无法掺假——不像银币。到 19 世纪，胡椒的价格相对下跌，于是胡椒籽租金的意思变成了名义上的租金。不过这句成语有时还会出现合乎字面意思的情况。例如，百慕大圣乔治斯（St George's）200 号的共济会会所自 1816 年以来，每年都向该岛总督用银盘子缴上一粒胡椒籽，作为租用政府旧大楼当作会所的租金。在英国这样的租金稍微贵一点：肯特（Kent）郡的七橡树藤板球俱乐部（Sevenoaks Vine Cricket Club）每年向市政厅上缴两粒胡椒籽，作为使用场地和建筑的租金。

# /1154 年 /

### 面食抵达意大利

阿拉伯地理学家穆罕默德·伊德里西（Muhammad al-Idrisi）曾在西西里（Sicily）国王鲁杰罗二世（Roger II）的朝廷中生活，他在 *Kitab nuzhat al-mushtaq*（通常译为《为渴望旅行远方之人而作》）一书中首次提及意大利国土上出现的面食。这是在他论及特拉比亚（Trabia），巴勒莫（Palermo）东部一个城镇时的描述：

泰尔米尼（Termini）以西有一个可爱的居民点叫特拉比亚。那里常年流动的溪流推动着许多磨坊。这些遍布田野的巨大建筑制造出了大量 itriyya，出口到卡拉布里亚（Calabria）、各个伊斯兰国家和信奉基督教的国家及世界各地。无数船的货物发送出去。

Itriyya 一词最早在大约两个世纪以前，是由一位犹太医生在现在属于突尼斯的地方写下的，当时是指一种又长又细的干面团，以煮的方式烹调。如果在伊德里西的时代，西西里出产的 itriyya 如此大规模出口的话，它必然（与现代的干面食一样）是用硬粒小麦制作的，才能保证在航行过程中不变质。实际上 itriyya 一词并非阿拉伯语，而是希腊语的阿拉伯语音译，意为某种煮食的面食——可是这个词与意大利面食（pasta）一词之间实在没有什么相似性。

顺便说一下，普遍流传的中世纪威尼斯旅行家马可·波罗仿造他在中国吃到的面条，从而把面食引进到意大利的故事——纯属虚构。不过这个传说生命力非常旺盛。1929 年，美国全国通心粉制造商协会的刊物《通心粉杂志》（*Macaroni Journal*）刊登了一个虚构的短篇小说《华夏传奇》（*A Saga of Cathay*），其中有一位名叫意大利面（Spaghetti）的水手参加了马可·波罗的远行，他拜访了一个中国村庄：

他注意到一个本地的男人和女人在一个粗糙的搅拌碗里忙碌。那个女人似乎正在混合什么东西，有些东西从搅拌碗里溢出来，一直延伸到地面。这个国家典型的温暖干燥的天气，使得这些纤细的面条很快变硬，并且极度脆弱。

意大利面先生发现这些纤细的面条在咸水里煮熟之后十分美味。

　　《通心粉杂志》可能一直在跟读者开玩笑，但是在塞缪尔·戈尔德温（Samuel Goldwyn）1938 年拍摄的奢华影片《马可·波罗历险记》（*The Adventures of Marco Polo*）中，加里·库珀（Gary Cooper）所扮演的男主角得到了一位年长的中国哲学家陈子（Chen Tsu）的教益，后者——非常严肃地——向他献上一碗叫做 spa get 的食物。马可·波罗非常景仰，他把干的 spa get 带回了威尼斯。于是一种新的美食诞生了。

## / 约 1180 年 /

### 伦敦第一家快餐销售店？

　　威廉·菲茨斯蒂芬的《最高贵的伦敦城之描写》（*Descriptio Nobilissimi Civitatis Londoniae*），是他为新进殉道的主公托马斯·贝克特（Thomas Beckett）所写传记的序言，其中有一篇对于泰晤士河上一家"公共饭店"的描述：

> 每天，根据季节不同，那里提供油炸的或是煮熟的饭菜，大鱼和小鱼，肉类——较低质量的卖给穷人，精致食物卖给富人——还有野味和飞禽（大小都有）。如果某位公民的朋友不期而至，又因为旅途劳顿又累又饿，不希望等待食物采购和烹调，或者是等不及"仆人拿来洗手的水和面包"，他们就可以即刻拜访河岸，在那里他们需要的一切都能迅速备齐。无论进出城的战士或旅行者人数多么众多，无论在白天黑夜的什么时间，他们到达时都无须饿着肚子等待餐食，或是腹中空空如也地上路离去，完全可以顺道拜访那里，挑选任何需要的小吃点心。那些热衷美食之人可以为自己购买鹅肉、珍珠鸡或是鹬鸟——找出他们想要的食物绝非难事，因为所有的美食都在他们面前展示着。这是一个公共饭店的典范，其为城市所提供的服务堪称是城市生活中的一笔财富。因而，正如我们在柏拉图的《高尔吉亚篇》（*Gorgias*）中读到的那样，烹饪是一种恭维，是对医药的模仿，是城市生活的第四种艺术。

# / 约 1188 年 /

## 什么时候鸟是鱼？

威尔士的杰拉尔德（Giraldus Cambrensis）在他的《爱尔兰地理志》（*Topographia Hibernica*）中对白颊黑雁（barnacle[1] goose）做了如下说明：

> 它们产自海岸上落下的杉木，一开始像树胶一样。后来则用喙挂在木头上，就好像附着在其上的海藻，身上还包着壳，以便

---

1 barnacle 是藤壶。——译者注

不受干扰地生长。随着时间的推移，它们长出了更坚固的羽毛外套，或是落入水中，或是自由地飞翔在天空。它们或是以树木汁液为食，或是从海中取食而生长，这是一种秘密而又神奇的饮食过程。我曾多次亲眼看到，一千只以上的这种鸟的幼小个体，悬挂在海岸的一段树木上，包裹在壳里，已经成形。它们不像其他鸟类一样产卵生育，也不孵蛋，也不在世界上任何角落筑巢。

中世纪人普遍认为白颊黑雁是从海洋甲壳类动物变来的，这也是其名称的来源，这就为把这种鸟归为鱼类提供了方便，因而就可以在禁食肉类的宗教节日吃了。（通过基本上相同的方式，几个世纪前，在委内瑞拉，天主教会发布了一条豁免令，允许在大斋期吃水豚——世界上最大的啮齿动物——因为既然这种动物一生中大部分时间都待在水里，它应该属于鱼类。）

白颊黑雁的起源之谜最终在 1597 年被揭开，威廉·巴伦支（William Barents）探险队中的水手在北极圈深处偏远的新地岛（Novaya Zemlya）上发现了它们的巢穴。

# / 约 1200 年 /

## 朝天花板打嗝

在这个年代前后，贝克尔斯的丹尼尔（Daniel of Beccles）撰写了他的《文明人之书》（拉丁语名字是 *Urbanus Magnus Danielis Becclesiensis*），其中包括许多餐桌礼仪的建议，例如：

在富人家吃饭时，不要唠叨不休。

如果想打嗝，记得先仰头凝视天花板。

如果需要清理鼻子，不要给别人看到你手里有什么。

不要忘了感谢主人。

绝对不要在大厅里就上马。

以及（让拜访城堡里最小房间的人放宽心的）：

当你的敌人在排空肠道的时候进攻他是不体面的。

作者还认为在餐厅里小便是不礼貌的——不过东道主自己这么做是完全允许的。最后，如果在领主家里吃饭，而领主的妻子表达了交媾的欲望的话，最好的办法是假装生病。

### 一些中世纪笑话

在中世纪，伟大城堡里的厨师喜欢拿客人开玩笑。确实有过馅饼里藏着活鸟的事情（就像童谣里唱的"二十四只黑鸟"），这样当外皮被切开的时候它们就会飞出来。还有假橙子：用藏红花染色的米饭团，里面填入碎肉和马苏里拉奶酪（mozzarella），诺曼人（Normans）称其为 arancina（源自阿拉伯语的 arangio，意即"苦橙子"）。而阿拉伯人自己可能也是从波斯人那里学来的这个玩笑。另一道实际与表面不相符的菜是鸡蛇（Cockatrice），这是一种神话里的半蛇半鸟的怪兽，做法是把一只鸡的前半部分与一头乳猪的后半身缝在一起，整个原料随后被盖满油酥面皮并烘烤。或许是最让人笑破肚皮的恶作剧，则是把火中烧烤的肉直接端到客人面前，撒上切成小条的生的牛心肉——它们会在热的肉上面不停扭动，就像蛆一样。

# /1274 年 /

### 通过胃来凝聚共识

教皇额我略十世曾发布 *Ubi periculum* 诏书，对于召集枢机主教举行秘密会议选举新教皇的过程制定了一些规则。这是由于在上一次选举中，枢机主教们在维泰博（Viterbo）争执不休，花了33个月才得出结论，而且这还是在维泰博的公民们厌烦了招待这些教会亲王们，掀掉了他们所在房子的屋顶，只供应面包和水之后。这终于取得了效果，而额我略也在1271年作为妥协的结果当选。于是他自己为教皇选举定下规则，即如果枢机主教们三天之内选不出新教皇的话，他们每天就只允许吃两顿，每顿只有一道菜；而如果再过五天仍然没有决议的话，枢机主教们就只有面包和水了。

1353年，诏书 *Licet in constitutione* 允许在两顿简单的饭之间补充沙拉、水果、汤和一小段香肠，而到了1549年的秘密会议期间，规则已经十分松懈了，12月5日，统治曼图亚（Mantua）的贡扎加（Gonzaga）家族的代表所写的一封信证明了这一点：

枢机主教们现在已经在单道菜规则的限制下了。这道菜包括一对阉鸡，一块上好的牛犊肉，一些莎乐美肠，一锅好汤，以及任何你想要煮进去的好东西。这还是上午的一顿。到了晚上，你也可以要任何烘烤的菜，还有一些开胃菜，一道主菜，一些沙拉和甜食。有些心胸狭小的人还在抱怨环境艰苦……

身处如此安逸的环境之中，秘密会议——分裂为支持法国、支持哈布斯堡（Habsburgs）王朝以及支持前任教皇几派——从1549年11月29日一直举行到下一年的2月7日，最后选举出枢机主教乔万尼·玛丽亚·蒙特（Giovan Maria del Monte）为教皇尤利乌斯三世（Julius Ⅲ）。蒙特年轻时据说有超过一百名私生子，但是后来在其母亲的规劝下，发誓从此抛弃女性的陪伴，专找男孩。他果然说到做到，而且在当上教皇后就给他17岁的男性爱人提供了一顶枢机主教的红帽子，后者的职业是驯猴人。

正是为了被过量饮食拖垮了身体的教皇尤利乌斯三世，著名大厨巴托洛梅奥·史卡皮（Bartolomeo Scappi）创造出了他的"皇家白蛋挞"，用provatura奶酪、细砂糖、玫瑰露、奶油和蛋清制成——这对于体弱多病的教皇来说只是寻常伙食。

## /1284 年/

### 西班牙小吃的起源

卡斯蒂利亚王国（Castile）、莱昂王国（León）、加利西亚王国（Galicia）国王阿方索十世"智者"（Alfonso X "the Wise"）死于该年4月4日。相传，在他统治时期的某段时间，他生病了，医生建议他在两餐之间吃一些东西，以助于吸收掉一些他不停喝下的酒。感觉到这样做的好处，阿方索制定了一条法律，规定酒馆老板必须给客户提供一些小食，让他们就着酒吃，否则就不许卖酒。西班牙小吃Tapa字面上的意思是"盖子"或"遮盖"，有人说因为最初的小食就是面包片、火腿片或者西班牙香肠片，安达卢西亚（An-dalusia）人用它们盖在酒杯上，防止苍蝇飞到他们的雪梨酒里。

## /1290 年/

### 不在餐桌上挠肮脏处

考虑到在中世纪的盛宴上，宾客们常常自己从公用的碗里抓食物，米兰的博文欣·德·拉·里瓦（Bonvesin de la Riva）在他的《餐桌礼仪五十条》（Fifty Courtesies at Table）中给读者提出了以下礼仪提醒（原文为诗歌）：

汝不可将手指伸入耳中，亦不可搔弄头发。进食之人切不可以手指抓挠任何肮脏部位。

博文欣还劝告人们不要对着自己的盘子打喷嚏，不要在喝酒之前不擦嘴，或是在别人吃完之前就把刀插入刀鞘（每个人都得带自己的刀来吃饭）。

到了下一个世纪，一位德国的餐桌礼仪作者提出了进一步的建议：

如果你碰巧忍不住要挠痒，请有礼貌地提起衣襟，用它来挠。这样比弄脏你的皮肤要得体。

另一位中世纪礼仪权威则这样忠告他的读者：

切切不可把你的隐私部位暴露给别人看见，
这是最羞耻和令人憎恶的，最可恨与粗鲁的。

## / 约 1300 年 /

### 生命之水

加泰罗尼亚(Catalan)炼金术士、占星学家和医生阿诺德·德·维拉·诺瓦（Arnaldus de Villa Nova）推荐将"生命之水"（eau de vie）——一种清澈的水果白兰地——用于医疗："生命之水能够延长健康状态，耗散体液，活化心脏并恢复青春。"理由就在名字里：eau de vie 就是法语生命之水的意思，与拉丁语的 aqua vitae 意思相同（曾用来指所有的蒸馏浓缩酒精溶液），在斯堪的纳维亚语言中则是香芹籽——或是小茴香——调味的烈酒阿夸维特（akvavit），在盖尔语中是 usquebaugh，从这里产生了后来的"威士忌"一词。中世纪的医生建议适度饮酒，不过：在法国，建议的剂量却是每天一大汤匙的生命之水。

# /1312 年/

## 加弗斯顿的叉子

一群贵族抓住了皮尔斯·加弗斯顿（Piers Gaveston），英格兰国王爱德华二世（Edward Ⅱ）最为宠信的加斯科涅人（Gascon），并处死了他。加弗斯顿与爱德华也许是情人，也许不是，不过在前者死后的遗物中发现了一把餐叉，被看做是其受宠的证明。到那时为止，叉子在意大利至少已经使用了两个世纪（因为吃面食必须要用），但是在17世纪前，叉子都没有在英格兰和其他北欧地区普遍使用——就在上一个世纪，马丁·路德（Martin Luther）还曾说"愿上帝保佑我不要用叉子"，以表明大多数北欧人对于这种堕落的发明的怀疑态度。当英国旅行家托马斯·科里亚特（Thomas Coryate）访问意大利时，叉子对他来说还非常新奇，他在《科里亚特在法国、意大利等国的走马观花之旅》（*Coryate's Crudities hastily gobbled up in Five Months' Travels in France, Italy, &c.* 1611年）中记载道：

> 意大利人和居住在意大利的其他人，在用餐中切肉时总是用一把小叉子。因为用一只手握刀切肉会把肉弄出盘子外，所以他们用另一只手拿叉子来扶住，这样坐在桌上的其他人就不会使自己的手指接触到盘中的肉了，否则对于桌上其他宾客是一种冒犯，也违犯了礼貌的规则……

科里亚特也被看做是把叉子引入英国的人，因此得了一个绰号叫Furcifer，即拉丁语"拿叉子的人"（同时也有"流氓"的意思）。

一开始英国叉子只有两个叉尖，但是随着英国菜每一口的分量变得越来越小、越来越精致，就产生了增添第三个叉尖的必要性。

# /1341 年/

### 野猪头盛宴

牛津大学王后学院由罗伯特·德·艾格斯菲尔德（Robert de Eglesfield）创立，他是爱德华三世的王后埃诺的菲利帕（Philippa of Hainault）的牧师。该学院最著名的传统之一就是每年举行的野猪头宴会，这是一场圣诞节期间举办的盛大宴会，在威廉·亨利·哈斯克（William Henry Husk）的《耶稣诞生的圣诞颂歌，古代与现代》（*Songs of the Nativity Being Christmas Carols，Ancient and Modern*，1868 年）中说，这是：

……一项纪念活动，纪念本院一位学生的英勇行为。当时他在附近的沙特欧瓦（Shotover）森林中一边读亚里士多德一边散步，突然遭到一头野猪的攻击。愤怒的野兽对着年轻人张开血盆大口，而后者非常勇敢，并且计上心来，用尽全力朝着野猪的喉咙大喊 "*Græcum est*"［这是希腊语中的问候语］，聪明地噎住了这头野兽。

在女王学院的宴会上，一只野猪的头会被带进礼堂，一位独唱歌手和合唱队演唱野猪头颂歌。其实许多地方都在圣诞节举行野猪头盛宴，这可以追溯到异教的诺尔斯人（Norse），他们在冬至日向女神芙蕾雅（Freyja）献祭一头野猪。这也被认为是传统火腿的起源，许多家庭在圣诞节吃火鸡时仍然伴着火腿。

# /1346 年/

### 从穷骑士到蛋香面包（即法式吐司）

克雷西会战（the Battle of Crécy）之后，许多被法国人俘虏的英国骑士都被迫变卖产业以筹集赎金为自己赎身。他们一贫如洗地回家，爱德华三世为他们提供了一笔抚恤金和温莎城堡（Windsor Castle）里的住所，还为他们设立了一个新的骑士团，叫做温莎的穷骑士（Poor Knights of Windsor）。通过一个现在仍是一团谜的过程，这个名字后来也被德国人用来称呼 arme Ritter（即"穷骑士"），还被英国人用来称呼法式吐司（在第一次世界大战之前一直被称为德国吐司，在这场战争中被改名以向不列颠的盟友致敬）。英语中最早用"穷骑士"来指代法式吐司的用法记录，可以上溯到 1659 年（参见下文）。法国人自己将其叫做失落的面包（pain perdu），也就是承认这是处理"失落的"（即走味的不新鲜）面包最好的方式；在英国统治下的印度，则叫做匆忙布丁或者孟买布丁。

### 穷骑士的做法

以下的"穷骑士"（即现在称为法式吐司或蛋香面包）的菜谱来自《烹调全书》（*The Compleat Cook*），一本印刷于 1659 年的匿名书籍：

要做穷骑士，准备两片一便士面包，切成圆片。

将其浸泡在半品脱的奶油或清洁的水中，然后铺在盘子里，打三个鸡蛋，研磨肉豆蔻和糖，把它们与奶油搅拌在一起。

在平底锅中融化黄油，蘸湿面包，把湿的一面朝下放入锅中，把其余调料浇在面包上，一起煎熟。与玫瑰水、糖和黄油一起上桌。

## /1348 年 /

### 来自坟墓的三文鱼

"腌制三文鱼"（gravlax）一词在这一年首次出现在记录中，以瑞典中部耶姆特兰（Jämtland）一个虚构的男人的名字 Ola-fauer Gravlax 的形式。他以制作腌三文鱼为生，这个词就是来自瑞典语里的"坟墓"（grav）和"三文鱼"（lax）。传统上，腌三文鱼就是把用盐腌的三文鱼埋到地上的一个洞（坟墓）里，用桦树皮和石头盖上，发酵一星期，这样鱼肉就软得可以吃了。今天，腌三文鱼已经不用掩埋了，鱼被切成两大块鱼排：一块鱼皮朝下放在盘子里，撒上莳萝、盐、糖和白胡椒；然后，把另一块鱼皮朝上摆在上面，再压上一块有重量的板子。每过几个小时就把鱼排翻动一下，把榨出的汁水涂在肉上；三天后腌三文鱼就做好了。

## /1350 年 /

### 再热馅饼与苍蝇瘟疫

伦敦的一条地方法规禁止餐馆把兔肉馅饼卖到超过一个便士，还有规定禁止采购放置超过一天的肉，以及禁止重新加热馅饼——在乔叟的《厨师的故事》里，罗杰餐馆的老板就违反了这条规定。在《坎特伯雷故事集》中这篇未讲完的故事的序言里，主人斥责罗杰端出了重新加热过的"多佛的杰克"（可能是一种馅饼，也可能是一种鱼）：

> 讲吧，罗杰，讲一个好故事来。
> 你已做过很多肉饼享客，

已经冷了又热有两次了，

好几个肉馅面饼到了晚上还要渗出油水来。

许多朝圣客诅咒过你，

因为他们吃了你的肥鹅，肚子坏了；

你的店铺里苍蝇乱飞。[1]

## 帕马森干酪（Parmesan）山

在《十日谈》（*The Decameron*）这本故事集中，意大利作家乔万尼·薄伽丘（Giovanni Boccaccio）描绘了一个特别有意大利风味的丰饶之地：

有一座完全由磨碎的干酪组成的山。山顶上的人其他什么都不做，专做通心粉和意大利饺子，用阉鸡的高汤煮了，然后就扔下山坡。你吃得越多，得到的也就越多。

帕马森干酪是由名叫阿达莫·塞利姆（Adamo Salimbene）的帕尔马（Parma）的僧侣，在 13 世纪最早提及的。到 1568 年，一位名叫巴托洛梅奥·史卡皮的多明我会修士（Dominican）声称帕马森干酪是世界上最好的奶酪。这个论断得到塞缪尔·佩皮斯的赞同，他在 1666 年的伦敦大火中，把自己的帕马森干酪和酒以及其他贵重物品一起埋在地里，以防止它们被火烧到。这种奶酪的声誉一直延续，最近有一项调查显示，大块的帕马森干酪在意大利的超市里是最常遭到盗窃的商品。

---

1 原文为中古英语，译文引自方重译文，上海译文出版社 1983 年。——译者注

## /1357 年 /

### 因绝食而获赦免

在《岁月之书》(*Book of Days*，1862—1864 年) 里，罗伯特·钱伯斯 (Robert Chambers) 对一次著名的绝食进行了下列叙述：

在莱默 (*Rymer*) 的 *Faedera* 中，收录有英王爱德华三世的一份诏书，其中提及一位名叫塞西莉亚 (Cecilia) 的女士，她是约翰·德·瑞基威 (John de Rygeway) 的妻子，被以谋害亲夫的罪名抓进诺丁汉 (Nottingham) 监狱，按照呈送到国王面前的绝对可靠的证词所言，她在那里保持静默和绝食 30 天；因此，被其虔诚所打动，并且为了奇迹所归功的圣父圣母的荣耀，陛下很高兴地赦免了这位妇女。该条诏令签署于国王统治的第 31 年，即公元 1357 年 4 月 25 日。

## / 约 1390 年 /

### 天鹅血煮天鹅肉

"一切肉食中他最爱的是红烧肥天鹅。"乔叟在《坎特伯雷故事集》中如此描写一位修道僧，表示这位僧士乃是一位喜好奢华之人——在中世纪，天鹅是最昂贵的食用鸟类了。而当时烹饪天鹅首选的做法是用一种黑酱汁煮，酱汁是用天鹅血煮切碎的内脏熬成的。为了减少肉里的腥味，在宰杀前要用燕麦喂食天鹅。

### 金鸡骑金猪

法国御厨纪尧姆·提利尔 (Guillaume Tirel，约 1310—1395 年)，

被世人称作泰勒文（Taillevent），被认为编制了一本菜谱集叫做《食物》（*Le Viandier*），其最早的手抄版本可以追溯到 1395 年。外观形象与戏剧性的冲击效果通常与菜肴的味道一样重要，例如下面列举的这一道"黄金菜"，为一个宗教节日"精心"设计的菜式就体现了这一点。

头盔鸡

烤一只猪，以及公鸡或老母鸡之类的禽类。

在烧烤猪和鸡的同时，给鸡填馅（如果喜欢鸡皮就不要剥皮），然后涂上打散的鸡蛋。

涂好后放到猪身上；给鸡戴上纸糊的头盔，在鸡的胸部粘上一杆长枪。

如果是为贵族做菜，就给猪和鸡贴上金箔或银箔（如果是为普通人做，就贴上红色或绿色的锡箔）。

# 15世纪

## / 约 1400 年 /

### 松花蛋

这种又名百年蛋的中国佳肴，据说起源于六个世纪之前的明朝，湖南一个人在给他的新房子做灰泥的熟石灰里，发现了几个埋了两个月的鸭蛋。出于好奇，那人决定尝一尝，结果味道挺好——尤其是加了点盐之后。今天，制作松花蛋的方法是用掺入生石灰、草木灰和盐的黏土裹住鸭蛋，放置几个月。在制作完成后，蛋白变成了深褐色、透明且几乎无味的果冻状，而蛋黄则成了深绿色或深灰色，具有乳脂状的质地和硫或氨的气味。后一个特点导致了常见的误解，即松花蛋是在尿液里浸泡出来的，而且实际上泰国人就称之为 khai yiow ma——"马尿蛋"。

## / 约 1450 年 /

### 槟榔的力量

波斯派驻印度南部毗奢耶那伽罗（Vijayanagara）国王宫廷的大使相信，这位国王驾驭后宫数百位嫔妃的能力，主要归功于他对咀嚼槟榔的钟情——这个习惯至今在印度仍然很普遍。包叶槟榔是一颗槟榔果(代表男性本体)与一些石灰和香料包裹在一片蒌叶(代表女性本体)中,咀嚼后主要起到净化口腔、清新口气和帮助消化的功能。咀嚼者会不停地吐出血红的口水,牙齿发黑,并有可能增高患口腔癌的概率。

# /1453 年 /

## 偷来的快乐

在君士坦丁堡(Constantinople)陷落和奥斯曼土耳其人征服希腊后,许多希腊人不愿向外国统治者投降,选择上山为寇。这些游击队员兼土匪被称为山贼(klephts),这个词来自希腊语里的 kleptein,即"偷东西",这个希腊语词汇同时也是英语里盗窃狂(kleptomania)一词的词源。为了养活自己,山贼们会去偷羊。偷来的羊,他们放在火坑里用小火慢慢地烤,这样才能产生尽可能少的烟——以避免向奥斯曼士兵暴露他们的藏身处。这就是一道传统希腊菜 kleftiko 的由来——这道菜就是用大蒜和柠檬汁腌泡的羊肉,架在骨头上慢慢烤出来的。

## 大主教的盛宴

1465 年,乔治·内维尔(George Neville)就任约克郡(York)大主教的庆典是一场盛大宴会,宴会的菜单被记录在《高级厨艺书》(*A Noble Boke of Cokery*)中,这是一本编撰于 1468 年的手写本。1500 年,其成为可能是英语世界第一本印刷的烹饪书。前述那场盛宴的一部分菜单节选如下:

头盘

芥末牛犊头肉——牛奶麦粥与鹿肉——野鸡——烤天鹅——塘鹅——海鸥——阉鸡——烤苍鹭——梭子鱼——油条——奶油蛋羹

第二道

鹿肉——孔雀——烤兔子——丘鹬——啄木鸟——黑尾鹬——赤足鹬——面包结——公牛——紫奶油——模子装的挞

第三道

椰枣蜜饯——烤麻口——烤杓鹬——烤野鸡——烤秧鸡——烤白鹭——兔子——鹌鹑——烤小嘴鸻——烤岩燕——大型鸟——烤云雀——麻雀——新鲜鲟鱼——烤榅桲

主菜

奶油——汤——梭子鱼——七鳃鳗——三文鱼——鲂鱼——鳎鱼——烤鳝鱼——鳟鱼——鲈鱼——比目鱼——虾——蟹——龙虾


# /1465 年/

## 在美食这一点上我们是无敌的

意大利人文主义者、罗马学院院士巴托洛梅奥·普拉提纳，著有《论高尚的快乐与健康》（*De honesta voluptate et valetudin*），这本书将古老的学术和伦理学与精美食物的菜谱结合起来，菜谱多数借鉴自广受敬重的厨师马蒂诺·德·罗西（Martino de' Rossi），也被称为科莫的马蒂诺大师（Maestro Martino of Como）。普拉提纳这本著作出版于 1470 年，因此是第一本印刷的烹饪书。

虽然文艺复兴时代大多数人文主义者向往古代的艺术和哲

学成就，并认为无法超越，但普拉提纳却认为"现代"烹饪是一个例外，他声称："在美味鉴赏之中，没有理由认为祖先强于我们。尽管他们在几乎所有的艺术上都超过我们，但是在美食这一点上我们是无敌的。"促使他夸下如此海口的是马蒂诺大师的牛奶冻 biancomangiare（意即"白色食品"）的菜谱，这道甜点给作者带来如此强烈的欣快感，使他忍不住大发感慨："啊！不朽的上帝啊！您赐予我一位多么伟大的厨师朋友啊！这就是科莫的马蒂诺。"

普拉提纳其他文章中提出的忠告，有添加糖能够改进几乎所有的菜肴，还有烤熊肉对肝脏或脾脏不好——但它可以防止脱发。

1468 年，在此书完成三年后，普拉提纳和其他学院院士遭到逮捕，所受指控是企图刺杀教皇保罗二世（Paul Ⅱ），后来又进一步指控他们不信上帝，而代之以古罗马诸神。此外，还有指控他们暴饮暴食（普拉提纳著作的手写本也被当作证据）以及与男性和女性共同纵欲无度。到底有没有不利于教皇的阴谋，没有人知道，不过普拉提纳和他的朋友们在历尽各种折磨后最终获释了。保罗二世的继任者西克斯特四世（Sixtus Ⅳ）后来任命普拉提纳为梵蒂冈图书馆馆长——这一事件被记录在美洛佐·达·弗利（Melozzo da Forli）著名的壁画中。

### 虚荣的孔雀

在《论高尚的快乐与健康》（1465 年）中，巴托洛梅奥·普拉提纳警告读者不要吃孔雀，因为它们难以消化，导致忧郁。更重要的是，孔雀是虚荣的鸟，只有虚荣的人才吃，他们的财富都是来自"完全的运气和他人的愚蠢"，以及那些只会在便宜酒馆和妓院里与其他不三不四的人一起吃饭的人。普拉提纳的目的，首先是一个道德目标——要找到快乐与自我克制之间的一种完美平衡。当然，他也想要蛋糕和享用的快乐——对于孔雀也是一样的，他也给出了用这种虚荣的鸟做出令人印象深刻菜肴的详细指导：

首先从孔雀的喉咙到它的尾巴浅浅地划一刀。

然后去除皮、羽毛、头和腿。

然后给身体填馅，插在烤肉钎上烤熟。

烤熟以后，用皮和羽毛装饰，把头和腿装回去，在端上桌之前，先把整只孔雀缝合装配好。

为了增加装饰性，在它的喙上放一些浸了樟脑油的羊毛，在上桌时将其点燃。

想必那些虚荣的客人会喜欢这个炫耀性的表演。

## /1471 年/

### 死于甜瓜

教皇保罗二世死于此年 7 月 26 日。曾因为保罗的命令而遭受一年的牢狱之苦，并遭到刑囚的意大利人文主义者巴托洛梅奥·普拉提纳（见 1465 年），在撰写《教皇们的生平》（*Lives of the Popes*，1479 年）时展对他的报复：

保罗二世喜欢饭桌上摆满各种各样的菜肴，不过他通常吃其中最早上的几道；但是如果他喜欢的食物没有的话，他就会吵吵嚷嚷。他喜欢吃甜瓜、螃蟹、糖果、鱼和火腿。我相信正是这些奇异的饮食使他中风去世；因为就在他去世的前一天，还吃了两只巨大的甜瓜。

# /1475 年/

### 阿瑟尔乳饮（Atholl Brose）的起源

这种著名的苏格兰甜食，由燕麦粥、蜂蜜和威士忌制成，据说起源于罗斯伯爵和岛屿领主约翰·麦克唐纳（John MacDonald, Earl of Ross and Lord of the Isles）反对詹姆斯三世（James Ⅲ）国王的反叛期间。为了抓住这个反叛的伯爵，忠于国王的阿瑟尔伯爵用蜂蜜和威士忌灌满了斯凯岛（Skye）上的一口小井。罗斯伯爵上了当，他在这个新发现的好地方高兴地畅饮了许久，结果酩酊大醉，束手就擒。不过他后来还是逃脱了反叛罪行的惩罚，一直活到 1503 年。

另一个不太可能的故事说这种饮品起源于 1745 年英俊王子查理（Bonnie Prince Charlie）叛乱期间，这时的阿瑟尔公爵，一位忠于国王的汉诺威人（Hanoverian），使用同样的计谋抓住了一些属于詹姆斯党（Jacobite）的敌人。阿瑟尔乳饮出名的美味给了英国诗人托马斯·胡德（Thomas Hood）一个使用双关语的灵感：

> 为一杯高地人炮制的饮品所着迷，
> 一位日耳曼旅人惊喜地赞叹道——
> 天哪！如果这就是阿瑟尔乳饮，
> 那么阿瑟尔 Boetry 会是多么美好！

# /1492 年/

### 欧洲人发现辣椒

当哥伦布在加勒比地区登陆时，他完全相信自己到达了印度东部，因此他给自己在那里发现的辣椒命名为"印度胡椒"。实际上这是原生于新世界的辣椒属（*genus Capsicum*）植物的果实，本地人从公元前 4000 年左右就开始种植了。这一概念的混淆一直没有纠正，在英语里这种果实一直叫做"辣的胡椒"，实际上它与胡椒完全没有关系，胡椒来自旧世界一系列胡椒属（*genus Piper*）的植物。

# 16 世纪

## / 约 1500 年 /

### 黄油塔

鲁昂主教座堂（Rouen Cathedral）的"黄油塔"（Tour de Beurre）大约在这一年开工建设。这座塔如此命名，是因为建设工程的资助者是诺曼人（Normans），他们希望教会允许他们在大斋期（Lent）能够继续吃黄油——这可是诺曼美食的骄傲。

## /1505 年 /

### 辣椒来到印度

葡萄牙人在印度建立的第一个殖民地是科钦（Cochin，现作Kochi），五年之后他们又在果阿（Goa）建立了一个定居点。尽管今天的印度菜总是与辣椒的火辣味道联系在一起，但是在葡萄牙人来之前，这种源自美洲的香料从未出现在印度，直到那时，那里最辣的食材还是胡椒。葡萄牙人带到印度的食材还有木瓜、番石榴和菠萝，所有的这些原料都被印度菜欣然接受。不过，虽然葡萄牙人还从美洲引进了番茄和土豆，但是它们在英国统治时期以前并没有流行起来。

### 辛辣咖喱肉（Vindaloo）：一道葡萄牙咖喱（Kárhí）

辛辣咖喱肉在今天被认为是最辣的咖喱菜之一，起源于葡萄牙殖民地果阿。这不是印度本地菜式，其名字和特征都来自一道葡萄牙菜 carne de vinha d'alhos，这个名字就是其主要成分：肉、酒和大蒜。这些原料也就是辛辣咖喱肉的主要原料，当然还要加上香辛料，并且用醋代替酒。后者这个词在英语中首次提及是在 W. H. 道所著的《主妇的印度烹饪指南》（*Wife's Help to Indian Cookery*，1888 年）一书中，在这本书里，辛辣咖喱肉被称为"一道葡萄牙咖喱"。下面是菜谱：

采用下列成分……

印度酥油 6 吉塔克[1]，也可以用猪油或植物油；大蒜粉、蒜泥、姜粉各一汤勺；辣椒粉两茶匙；香菜种子一茶匙；烘烤并磨碎的香菜种子半茶匙；月桂叶或 Tej-path 两三片；胡椒籽，四分之一吉塔克；丁香半打，烘烤并磨碎；小豆蔻半打，烘烤并磨碎；

肉桂棒半打；醋，四分之一品脱

取 1 希尔（seer，大约 2 磅或 1 千克）的牛肉或猪肉，切成大的方块，浸泡在醋、盐以及上述所有磨碎的调味品里面，浸泡一晚。

加热酥油、猪油或芥末油，加入已经浸泡过夜的原料，在肉中加入胡椒籽和月桂叶，文火慢炖数小时，或者一直炖煮到肉烂为止。

（建议如果用猪肉，而不是牛肉，就应该省去丁香、肉桂和豆蔻。）

---

1 1 吉塔克 =1 盎司或 28 克。

# /1510 年 /

康沃尔肉馅饼（Cornish Pasty）起源于来自德文郡（Devon）的冲击

2006 年，德文郡档案之友协会的主席托德·格雷（Todd Gray）博士在德文郡的埃奇克姆（Edgecumbe）庄园的文档中发现了一份菜谱，似乎是"康沃尔"肉馅饼，其中包含有面粉、胡椒和鹿肉。格雷博士发现的这份手抄本的书写日期是 1510 年，比 1746 年出现的第一份康沃尔肉馅饼菜谱早 236 年。

但是，主张肉馅饼起源于康沃尔郡的人引述 12 世纪克雷蒂安·德·特鲁瓦（Chrétien de Troyes）所著的亚瑟王传奇中的《艾里克和艾里德》（*Eric and Enide*）一诗，其中包括这样一段话："接下来 Guivret 打开一个箱子，拿出两个馅饼。'我的朋友们'，他说，'现在来尝一点冷馅饼吧……'"据说因为 Guivret 和艾里克都是来自康沃尔郡的，这就证明了康沃尔起源一说。

显然，到 19 世纪时，肉馅饼已经成为康沃尔郡的锡矿工很合适的"打包午餐"。肉馅饼本身卷边闭合的形式——一个封闭的外壳包裹着小块牛排和蔬菜的内馅——意味着矿工们可以用他们的脏手抓住厚厚的外壳，在吃完其他部分之后将其丢弃。

2011 年，欧盟授予康沃尔肉馅饼地理标志保护（Protected Geographical Indication, PGI）地位，这使其上升到了与帕尔马（Parma）火腿和卡芒贝尔（Camembert）奶酪这些食品相当的水平。根据法令，要获得命名承认，一只康沃尔肉馅饼不但必须是在康沃尔郡制作的，还必须是 D 字形状，卷边必须在侧面，而不是顶部。馅料必须"厚实"，要包括"绞碎的或是大块的牛肉，以及芜菁、土豆和洋葱，还有较清淡的调料"。20 世纪 40 年代有一首歌谣，其中所唱的肉馅饼恐怕难以达到欧盟的标准：

马修、马克、卢克和约翰

吃一条五英尺长的肉馅饼

咬一口，咬两口

噢！我的上帝，里面全是老鼠。

## /1518 年 /

### 从托尼甜面包（Panettone）到婆婆蛋糕（Baba）

意大利贵妇博娜·斯福尔扎（Bona Sforza）嫁给了齐格蒙特一世（Sigismund I）"老者"，因而成为波兰王后和立陶宛大公夫人。据说她带来了托尼甜面包的配方，这是她家乡米兰的特色，这也促成了斯拉夫特色婆婆蛋糕的诞生。这是一种甜面包，在直立的圆柱形模具中烤制，它是如此精致，据说面团在进烤炉之前要在一个没有男人的厨房中的羽绒被上静置——而且此时在场的人都不许大声说话。虽然配方可能是外来的，但是在收获季节烘烤高大的圆柱形面包——有些甚至与真人一样高——的传统却可以追溯到中世纪早期，那时斯拉夫人还是异教徒。Baba 一词原意是"祖母"，意思就是面包的圆柱体形状像人形。

## /1526 年 /

### 皇帝因为美食而后悔征服

莫卧儿（Mughal）帝国的开国皇帝巴卑尔（Babur）侵入了印度北部，但对于自己的征服并不满意。他在《巴卑尔回忆录》（*Baburnama*）中抱怨说，"印度斯坦（Hindustan）是个没什么吸引力的地方"，还说，"城市和乡村都不快乐"。他说最糟糕的是食物，与他的中亚故乡相去甚远："没有好的肉、葡萄、甜瓜或其他水果。市场上没有冰、冷水、面饼或者任何好东西。"在巴卑尔统治的后期，他的园艺家们努力在印度种出了葡萄和甜瓜，可是后者的味道却再次让巴卑尔因为思乡而流泪。

尽管不喜欢印度的食物，巴卑尔还是从他新近推翻的德里苏丹的御厨房里雇用了一些印度斯坦厨师。这个决定令他后悔，因为在一顿饭后他患上了重病，他怀疑自己中了毒，于是命令找来一只狗吃他的呕吐物。这只狗马上就倒下，并且很快死掉了。巴卑尔自己恢复了，不过后来揭露出来是被废黜的苏丹的母亲买通厨师在肉里下毒。厨师遭受酷刑，被迫招供，然后被剥皮处死，而皇帝的试毒员因为渎职而被剁碎。但是苏丹的母亲却只是被关进监狱。

# /1527 年 /

### 面包和大蒜造成的伤害

这年 5 月，当日耳曼雇佣兵洗劫罗马时，曼图亚侯爵夫人（Marchioness of Mantua）伊莎贝拉·迪埃斯特（Isabella d'Este）被困在自己家里已八天。她后来讲述自己如何像一个贫民一样依靠面包和大蒜度日，并说由此造成的伤害始终没有恢复过来。

### 文艺复兴时期的宴会

1529 年 1 月 24 日，费拉拉公爵阿方索一世·德斯特（Alfonso I d'Este，Duke of Ferrara）的管家克里斯托弗洛·梅西斯布戈（Cristoforo Messisbugo）组织了一场堪称文艺复兴时期最壮观之一的盛宴，他还将其记录在自己撰写的《宴会的菜单组成》（*Banchetti composizioni di vivande*）一书中，这本书在他 1548 年去世前写成。这场宴会是为了庆贺阿方索的继承人埃尔科莱·德斯特（Ercole d'Este）与法国国王路易十二的女儿蕾妮（Renée）的婚事，是一场长达八个星期的庆典的高潮。

按照精心设计的顺序，大约五十种各自不同的菜肴，分作五道送上餐桌，作为向新郎致敬之礼，并以象征大力神之劳苦工作的糖制雕塑装饰。一百名左右的宾客一边尽情享用这沉重而又丰饶的美味，一边陶醉于小丑、相声和歌曲以及其他各种形式的音乐表演中。

菜式绝大多数是肉或鱼，其中许多还伴有葡萄干、丁香、肉桂、胡椒、肉豆蔻、糖、鸡蛋、奶酪和葡萄酒。下面是菜单中节选的一部分：

炸野猪肉丸子

猪肝香肠馅饼

牛奶冻浇去骨阉鸡

胎膜包阉鸡肝

橙子烤野鸡

烤鹧鸪

酥皮鸽子

炸骨髓糕点

填馅烤全羊

涂金色的腌制海鲷饰以月桂叶

烟熏乌鱼

鱼脾脏挞

煎鳟鱼尾巴

杏仁香鳝

鳟鱼卵馅饼

原汁烤鳗鱼

黄色宫廷酱腌梭子鱼

炸大比目鱼，覆盖德斯特家族的红、白、绿色酱汁

大斋期此后不久就开始了，这对于宾客们而言可能是一种解脱。

然而，阿方索的铺张是完全徒劳的。在与法国王室结盟这件事上，他押错了宝——就在这场婚礼之后，法国在意大利的势力迅速衰弱，哈布斯堡（Habsburgs）王朝的查理五世（Charles V）皇帝占了上风。到这一年年底，阿方索也被迫前往博洛尼亚（Bologna）去觐见查理。公爵随身带上了他的主厨兼朝臣梅西斯布戈，希望用更多的宴会来取悦皇帝，缓解会谈的气氛。查理对这位管家的手艺非常欣赏，甚至赏赐给他一个伯爵头衔。


# /1533 年/

## 用洋蓟挑动春心

凯瑟琳·德·美第奇（Catherine de'Medici）嫁给了未来的法国国王亨利二世（Henry II），并且从家乡意大利带来了一种新式菜肴：球洋蓟。长久以来这种食材被认为能够"挑动春心"，因此也就被看做不适合给教养良好的年轻女士食用——这使得巴黎的蔬果商在叫卖商品的时候喊道：洋蓟！洋蓟！暖身又暖心！浑身都燥热！知道凯瑟琳·德·美第奇吗？她最爱吃洋蓟！洋蓟！洋蓟！

## /1536 年/

### 路德派的胃

荷兰人文主义学者德西德里乌斯·伊拉斯谟（Desiderius Erasmus）死于这一年。伊拉斯谟毕生致力于改革罗马天主教会，却拒绝皈依新教。有一次，当被批评不遵守大斋戒时，他回答道："我的灵魂也许是天主教的，但是我的胃是路德派的！"

## /1539 年/

### 杰克·霍纳（Jack Horner）与李子

在亨利八世（Henry Ⅷ）的废除修道院运动中，被拆除的建筑之一就是格拉斯顿伯里修道院（Abbey of Glastonbury）。在此之前，传说最后一任格拉斯顿伯里修道院院长理查德·怀丁（Richard Whiting）曾试图防止这场灾难，他派遣自己的管家杰克·霍纳带着一份圣诞礼物前往伦敦觐见国王：一只馅饼，其中藏有 12 个庄园的地契。据说杰克·霍纳在路上掰开了馅饼，掏出了梅尔斯(Mells）庄园的地契据为己有——因此就有了这么一首歌谣：

小杰克·霍纳

坐在街角

吃着圣诞馅饼。

他用大拇指

掏出一颗李子

还说，我是个多好的男孩！

现在可以确定的是废除修道院运动之后不久，确实有一位托马斯·霍纳来到梅尔斯定居。但是他的后代指出他的名字是托马斯，不是杰克，而且他是用 1831 英镑 9 先令 1 又 3/4 便士买下的这个庄园（还有几个别的庄园及其附属的农场）。而那个杰克·霍纳，看上去好像是曾经出现在 18 世纪许多畅销故事书里的一个虚构的人物，那个 13 英寸高的喜欢恶作剧的人。

## /1542 年 /

无花果招虱子

安德鲁·波尔德（Andrew Boorde）在这一年出版了《健康饮食》（*A Dyetary of Helth*），在此书中他讨论了一系列食物对于健康的好处和坏处。他说无花果可以当作催情药，但是也会"造成一个人流汗，而且确实会产生虱子"，而莴苣则"能够消灭性行为"。波尔德年轻时曾加入加尔都西会（Carthusian order），但在 1529 年却退出其修道誓言，因为他发现自己无法忍受"宗教的严苛"。他随后出国学习医术，在欧洲各地漫游，从加泰隆尼亚寄回大黄种

子——当时英格兰还没有这种植物。回家以后，他还被指控在家里藏了三个"放荡的女人"，并因此在监狱里待了一段时间。

## /1545 年 /

### 英国食物第一部分：贪得无厌的食肉者

科西拉的尼堪德·努西斯（Nicander Nucius of Corcyra）在他的游记中将英格兰人描述为"食肉者，对于动物性食物贪得无厌；欲望中充满了酗酒与放纵；性格中充满了猜疑"。

## / 约 1550 年 /

### 海鸥

在都铎王朝时期的英格兰，最昂贵的美味佳肴之一是海鸥（又叫做 mews），每只要卖 5 先令；与之相对的是一磅牛肉只要一个半便士。海鸥被抓到后，先用腌牛肉喂肥，而后再屠宰，以改善其风味。

## /1554 年 /

### 艺术家的盛宴

佛罗伦萨画家和雕塑家乔瓦尼·弗朗切斯科·鲁斯蒂奇（Giovanni Francesco Rustici）死于这一年。在与他同时代的乔尔乔·瓦萨里（Giorgio Vasari）所著的《艺苑名人传》（*Lives of the Artists*）中关于鲁斯蒂奇的一章告诉我们，在一个主要由艺术家组成的美食俱乐部——锅友会（Company of the Saucepan）中，鲁斯蒂奇担任主持人一职：

有一晚，鲁斯蒂奇要用一顿晚宴招待他的锅友会会员，他命令不用桌子，而是要用一个葡萄酒桶制成的大壶或者说是大锅，他们全都坐在里面，头上悬挂着照明用的蜡烛。在大家都舒服地坐下之后，中间就升起一棵树，树枝上挂满了晚餐，都是盛在盘子里的食物……这次鲁斯蒂奇拿出来的大菜是炖锅里的酥皮馅饼，其中上演了奥德修斯（Ulysses）浸泡自己的父亲，使其返老还童的场景。两个人物都是用阉鸡扮演的，还给它们装上四肢，使其看起来像人。锅友会的成员安德烈亚·德尔·萨尔托（Andrea del Sarto）端出一个八边形的教堂，有点像圣若望洗礼堂（S. Giovanni），但是是支撑在立柱之上的。地面是明胶制作的，看上去像彩色马赛克镶嵌画；柱子看起来是斑岩，实际上是大香肠；基础和柱头用帕马森干酪制成；挑檐用糖制作；讲坛是杏仁饼做的。中间的合唱台用冷的小牛肉搭建，上面有一本用通心粉粘成的书，书上还有胡椒籽做成的文字和乐符，唱歌的是张开嘴、披着小小的白色法衣的画眉鸟，后面的低音部则是两只肥鸽子，还有六只圃鹀扮演女高音。

鲁斯蒂奇在另一个美食俱乐部——铲子会（Company of the Trowel）中也扮演着重要角色：

有一次，在布贾尔迪诺（Bugiardino）和鲁斯蒂奇的指导下，他们全部打扮成石匠和工人出现，并开始着手为俱乐部建造一座大厦，用里考塔（ricotta）奶酪当做砂浆，用干酪当做砂子。用篮子和独轮车运来的砖块，实际上是面包和蛋糕块。不过他们的建筑工程质量显然很糟糕，注定要被推倒，这时他们就冲到"建材"堆上，狼吞虎咽地全部吃光。最后，就在拆解的时候，天上及时下了一场小雨，同时还电闪雷鸣，迫使他们放下手里的工程回家去了。

另一次，寻找普洛塞庇娜（Proserpine）的刻瑞斯（Ceres）来到会员们中间，请求他们陪伴她前往下界地狱。他们在地狱里遇见了冥王普路托（Pluto），他拒绝放普洛塞庇娜走，反而邀请他们参加他的婚宴，在宴席上，所有的食物都是可怕和恶心的动物的形状，有蛇、蜘蛛、青蛙和蝎子之类的动物，但其中却包着最精美的馅料。

鲁斯蒂奇似乎有点儿古怪。瓦萨里告诉我们，他非常喜欢动物，作为宠物，养着一只鹰，一只"能像人一样清晰地说许多话"的乌鸦，还有一头豪猪，"它是如此驯服，能够像一条狗一样在桌子底下四处走动，习惯蹭蹭人们的腿，使得他们赶紧把脚缩回来"。从他存世的艺术作品来看，这一点儿也不奇怪。

# /1564 年/

## 皇家香肠

大批当地生产的香肠被上缴到美因河畔法兰克福（Frankfurt am Main），用于庆祝马克西米利安二世（Maximilian Ⅱ）当选神圣罗马帝国皇帝的加冕礼——这个习俗被后来的每次皇帝加冕礼所继承和保持。这一本地特产的配方起源于早至 13 世纪，尽管法兰克福在 1987 年才庆祝建城 500 周年。这个配方被一位名叫约翰·格奥尔格·拉纳（Johann Georg Lahner）的德国屠夫带到了维也纳（德语叫做 Wien），他在最初的猪肉混合物里加了点牛肉。这种维也纳版本的香肠就被叫做维也纳香肠（Wiener，在美国则叫做 "weenies"）。

## /1567 年/

### 威尔士干酪

在未署名的《开心故事与机智问答》（*Merry Tales, Wittie Questions and Quicke Answers*）中有这样一则故事，讲的是威尔士人对一道佳肴的热爱：

> 天堂里有一大群威尔士人吵吵嚷嚷，困扰着所有人。于是上帝对圣彼得（Saint Peter）说，他对这些人感到厌烦，要把他们赶出天堂……圣彼得就跑到天堂门外大声喊道："Caws pob"——也就是"烤奶酪"——威尔士人听到了就飞快地跑出天堂大门。圣彼得看到他们都出来了，就迅速返回天堂并锁上了大门。

## /1570 年/

### 比萨之前的比萨

巴托洛梅奥·史卡皮是教皇庇护（Pius）四世和五世的私人厨师，也是意大利文艺复兴时期最著名的厨师，在这一年出版了五卷本的《烹饪的戏剧艺术》（*Opera*）。在其中众多的菜谱里面，有一个是关于一种"那不勒斯人将其叫做比萨"的菜。这实际上是一种杏仁糖外壳的甜味馅饼，其中填有碎杏仁、松子、无花果、枣子、葡萄干和饼干。当时番茄还没有引进到意大利，因此今天我们所知道的那种美味比萨饼还没有诞生。

## /约 1575 年/

### 火鸡（Turkey）如何得名

"公/母土耳其鸡"的名字本来是用在非洲珍珠鸡 Numida meleagris 身上的，因为这种禽类是被近东商人引进英格兰的，也就是"土耳其商人"（土耳其在这里是国名）。当英格兰殖民者在北美初次遭遇一种外观类似的鸟类——野生火鸡 Meleagris gallopavo 时，他们就也叫它土耳其鸡了，这个名字也由此就被固定下来。而法语里的北美火鸡 dindon 一词，则来自"西印度群岛鸡"coq d'Inde（西印度群岛指西班牙美洲殖民地）。

## /约 1580 年/

### 白兰地的诞生

据说最早的白兰地产生于一些荷兰商人对葡萄酒进行蒸馏，这样可以减少海运时的容量；当时的想法是在运到目的地之后再把酒稀释。但是他们发现浓缩的酒本身具有极佳的品质，就开始不稀释直接饮用了。

## /1581 年/

### 食品雕刻被视为一种美术

在著名雕刻师文森佐·切尔维奥（Vincenzo Cervio）去世一年后，他的遗作《文森佐·切尔维奥的雕刻刀》（*Il trinciante di Vincenio Cervio*）出版了，这是一本关于雕刻肉类以及其他食材的专著，作者大半生服务于枢机主教亚历山德罗·法尔内塞（Cardinal Alessandro Farnese）。切尔维奥批评刻板的日耳曼雕刻法，他们是把肉固定在一块板上或是桌面上雕刻的，他赞美技艺精湛的意大利雕刻法，他们把肉类插在一把叉子上，举到空中进行雕刻——这种技术需要相当的身体灵活性。

# /1589 年/

### 每个农民锅里都有一只鸡

这一年亨利四世（Henri Ⅳ）当上法国国王，并说了一句至今被法国人民称颂的名言："我希望我的国家里没有一个农民穷到每个星期天锅里都没有一只鸡。"

与此相反的是，在意大利有一句古老的谚语："如果有个农民在吃鸡，那么要么农民有病，要么鸡有病。"这暗示了这样一个事实，即对于意大利的农民而言，鸡是稀少珍贵的，通常是省给病人吃的。如果有个农民真的在吃鸡，那么这只鸡很有可能是病死的。另一句古老的意大利谚语说"圣伯纳德酱让食物看起来美味"。"圣伯纳德酱"指的就是饥饿（不过这位圣人与饥饿到底有什么关系并不清楚）。

亨利四世也有以他的名字命名的一种酱。在 19 世纪，一家叫做巴维农亨利四世（Le Pavillon Henri Ⅳ）的餐厅的主厨儒勒·柯莱特（Jules Collette）发明了一种酱汁，其中含有黄油、醋或柠檬汁、蛋黄、红葱，以及龙蒿或法国香菜。因为亨利四世被叫做"贝阿恩人"（他出生于贝阿恩，这是法国西南部一个古代省份），柯莱特就把他发明的酱叫做贝阿恩酱（sauce Béarnaise 即蛋黄酱）。

## 吃不饱宴会

由于当时意大利北部正在发生饥荒,1590 年博洛尼亚最受欢迎的诗人和剧作家朱利奥·塞萨尔·克罗齐(Giulio Cesare Croce)写作了《吃不饱宴会》(*I banchetti di mal cibati*),这是一部寓言,其中说到歉收爵士的女儿饥荒小姐嫁给了青春年少的贫瘠少爷。婚宴上出现了大量的菜肴,诸如:

蜜蜂排骨和肾脏

炖黄蜂,搭配其肫和胎膜

蝗虫肺汤

蝉的排骨

蟑螂肚皮

蟋蟀眼球汤

苍蝇头派

大黄蜂肉丸

马蝇舌头馅饼

蝙蝠脚冻

蚊子脚汤

水蛭油炸鼹鼠内脏

煎苍蝇肝

蜗牛角酱

炖青蛙脾

鹌鹑肚子

克罗齐本人的职业是铁匠,他从未寻求贵族的资助,于 1609 年死于贫困。他的作品还有《保持苗条并且少花钱的真正秘诀》,在这本书里他列举了如果一个人不想发胖,就最好避开的那些富人的食物——阉鸡、馅饼、干酪通心粉——当然他完全明白，在"胖子城"（La Grassa）博洛尼亚，自从 13 世纪以来就以意大利的美食之都而闻名的这座城市里，没有人想要过苗条身材。

# /1590 年 /

### 土豆的功能之一

土豆被引进不列颠群岛——可能是弗朗西斯·德雷克爵士所为——的时间在 1588 年到 1593 年之间（其在欧洲的第一个落脚点是西班牙，1570 年左右从秘鲁传到那里）。在成为爱尔兰和苏格兰的高地以及群岛等地区的主食同时，土豆也被当作治疗赘疣的神物。治疗方法是在土豆块茎上划一个十字，然后把它扔掉，口中念道：

一、二、三，

疣子远离我，

一、二、三、四，

再也别回来。

# /1591 年 /

### 把桶滚出来

第一只海德堡大酒桶（Great Tun of Heidelberg）在这一年完工。这只位于海德堡城堡里的巨大酒桶能够装下大约 3 万升葡萄酒——这在 1751 年建造的今天仍在世的大酒桶面前实在算不了什么，后者能容纳 20 万升（不过它很少真的用来装酒）。法国占领军当

时试图从桶里弄出酒来（实际上里面没有酒），他们留下的斧凿痕迹至今还能看到。

每个人都听说过海德堡大酒桶，而且许多人无疑也曾目睹过这是个像房子一样大的葡萄酒桶，有传说它能装18000瓶酒，又有人说能装18亿桶。我认为这其中必定有一种说法是错的，而另一种则是扯谎。不过纠结容量这件事并没有什么意义，因为桶是空的，而且从来就是空的。一个大教堂那么大的酒桶，实在无法打动我的什么感情。

马克·吐温，《浪迹海外》（*A Tramp Abroad*，1880年）

## /1594 年 /

### 适度饮酒之忠告

律师兼园艺学家休·普拉特（Hugh Plat）爵士在他的《艺术与自然的珍宝馆》（*The Jewel House of Art and Nature*）一书中，给出了一种避免酩酊大醉的方法：

先喝一大份沙拉油，因为油会浮在你将喝下的酒上面，阻止酒精上升到大脑。另外，你预先喝多少新鲜牛奶，随后就能喝三倍的酒而不会醉。但是这种预防措施究竟会带来什么后果，我无法确定，也不打算做实验来证实，这只是为了那些偶尔显露憔悴之色的朋友，或是那些被迫与开怀畅饮者为伴，又不愿败兴的人，在他们需要时提供的一条思路。

# /1597 年 /

## 褐色杂种

在莎士比亚的《亨利四世》（上篇）的第二幕，第四场，哈尔亲王说："那么你只好喝喝褐色杂种啦。"这里需要稍作解释。"杂种"是一种西班牙甜酒，味道接近麝香葡萄酒（muscadel），既有褐色的也有白色的（"这世界上要碰来碰去都是私生子了"，《一报还一报》（*Measure for Measure*），第三幕，第一场）。[1]这种说法作为这个意思，最早出现在 14 世纪晚期，但确切的原因已经不知道了。在《忧郁的解剖》（*Anatomy of Melancholy*，1621—1651 年）中，罗伯特·伯顿建议具有某些性情的人不要喝任何的"深色葡萄酒，过辣的、混合的、强烈浓厚的酒类，如麝香葡萄酒（muscadine）、马姆奇甜葡萄酒（malmsey）、阿利坎特酒（alicant）、拉姆尼酒（rumney）、褐色杂种，诸如此类"，因为它们"有害于……那些热性体质，或是多血质胆汁质混合体质，年轻人或是抑郁者"。

---

1 原文有误，应为第二场。——译者注

# /1598 年 /

## 咖喱进入语言

　　"咖喱"（curry）一词由葡萄牙语里的 *caril* 变化而来，其源头是泰米尔语里的 *kari*，意思就是拌饭吃的一种酱料或是佐料。咖喱在英格兰首次出现，是以"carrill"的形式，载于 1598 年威廉·菲利普（William Phillip）所翻译的《东印度与西印度航程之叙述》（*Discours of voyages into ye Easte & West Indies*）中，原作者是荷兰商人让·哈伊根·范林斯霍滕（Jan Huyghen van Linschoten）："他们大多数的鱼是就着饭吃的，是煮在汤里浇在饭上，有一点儿酸……但是味道很好，他们把它叫做 carrill。"不列颠人扩大了这个词的含义，泛指所有印度式的浓厚酱汁的辣味炖菜。尽管每一种菜在印度都有他们自己的名称，但是统治印度的英国人只能分辨马德拉斯（Madras）、孟买和孟加拉的咖喱。如果说英国人在印度所吃的咖喱与真正的印度美食存在天壤之别，那么按照《印度式烹饪》（*Indian Cookery,* 1845 年）的作者埃德蒙·怀特（Edmund White）的说法，在英国本土做出来的那些东西，"只不过是一锅糟糕的炖菜而已，菜上面不可避免地漂浮着一层黄绿色的脂肪，染上了令人憎恶和不卫生的色彩。把这样的菜叫做……真正印度咖喱，真是荒谬至极。"

# 17世纪

# / 约 1600 年 /

## 撒旦的苦涩发明

西欧人一开始对于咖啡是怀有疑心的，因为这是阿拉伯人、土耳其人以及其他非基督徒的饮料。例如，1599 年，英格兰旅行家安东尼·雪莱（Anthony Shirley）爵士曾提及"邪恶的异教徒喝一种他们叫做咖啡的液体"。大约在同一时期，教皇克雷芒八世（Clement Ⅷ）在压力之下谴责咖啡是"撒旦的苦涩发明"以及"撒旦用来捕获基督徒灵魂的最新陷阱"，部分的原因是咖啡原来是穆斯林喝的——土耳其人不是说"咖啡应该像地狱一样黑暗，像死亡一样浓烈，像爱情一样甜蜜"吗？——还有一部分原因是咖啡被视为葡萄酒的对立物，而后者在圣餐上则是基督的血。不过，广为流传的故事说，克雷芒宣布："这种魔鬼的饮料如此美味，我们应该给它施洗来蒙骗魔鬼。"人们有时说克雷芒的热情帮助咖啡的美味传遍了欧洲。

## 神的五种甘露

"潘趣酒"（punch）一词——指一种由酒精饮料和非酒精饮料原料调成的饮品——大约在这一时期进入英语。关于这个词的起源，有一个理论说是来自印地语 *panch*，其源头是梵语 *pancamrta*，意为"神的五种甘露"（梵语词汇中的 *amrta* 即甘露的语言元素都来自同一个根源，即希腊语中的"仙馔密酒"*ambrosia*），表示其含有五种成分，最初的组成是牛奶、凝乳、黄油、蜂蜜和糖蜜，且都被视为药物。到了欧洲人来到印度的时代，*panch* 已经成了一种休闲饮料，五种成分变成了阿拉克烧酒（arrack，椰子烧酒）、玫瑰露、柠檬汁或青柠汁、糖以及香料。还有一种理论认为潘趣酒是在去印度的旅程中，水手提供给旅客喝的，是从一种叫做"puncheon"的大桶里抽出来的。不过《牛津英语词典》（*Oxford English Dictionary*）不承认上述任何一种说法，表示"这种观点毫无证据"。

## /1605 年 /

### 皇帝的圣水

莫卧儿皇帝阿克巴（Akbar）死于这一年。虽然阿克巴是穆斯林，但他仍然遵从他的印度教徒臣民的信仰，禁止杀牛，自己也不吃牛肉了。而且他除了印度教的圣河——恒河的水以外什么都不喝，即使身在距离恒河数百英里之遥的宫廷时，他还是要派脚夫以接力传递密封水罐的方式给他送来圣水。水被分装到水瓶中进行冷却，冷却方式是把水瓶浸在一大盆水里，而大盆里的水则加入硝石降温。当皇帝身处靠近喜马拉雅山脉的皇宫时，就使用山上取来的冰。

17 世纪晚些时候，法国旅行家让 - 巴蒂斯特·塔维涅（Jean-Baptiste Tavernier）记录了他和伙伴们是如何被恒河水与酒的混合物搞得"腹中翻江倒海"的——而他喝了未掺酒的河水的仆人则"比我们还要惨得多"。

**法国风味米饭煮鸽子**

以下的菜谱来自约翰·马雷尔（John Murrell）的《烹饪新书》（*A Newe Booke of Cookerie*），1615 年出版。

煮熟鸽子，在腹内填入甜味香草，也就是香芹，上面盖上嫩百里香。

将其放入一个小瓦锅（一种小的陶制罐子或锅），加入尽可能多的羊肉汤淹没鸽子，放入一整片肉豆蔻皮，一些整粒胡椒。

把所有食材一起煮沸，直到鸽子变软。

随后把锅从火上移走，用一个汤匙撇去汤水表面的脂肪，以免其破坏口味。

放入一块淡黄油：用 uergis( 或为龙涎香 ambergris ？ )、肉豆蔻和少许糖调味，用米饭增加浓稠度。


# /1617 年 /

**洋姜（Jerusalem Artichoke）令人不快的副作用**

原产于北美的洋姜在这一年引入英格兰。不久之后园艺家约翰·古德伊尔就指出这种蔬菜的一种副作用，从此以后洋姜就以此而闻名了：

它们造成人体内产生一种污秽可憎的臭气，并使得腹内疼痛煎熬，更适合喂给猪吃，而不是给人食用。

尽管洋姜的英语名字意为耶路撒冷洋蓟，但实际上与耶路撒冷毫无关系，而且也只是球洋蓟的一个远亲。这个名字来自意大利语 girasole articiocco，即"向日葵洋蓟"，这是一种向日葵的近亲。意大利语里的 girasole（与法语里的向日葵 tournesoleil 相近），字面意思就是"转向太阳"，指的是这种植物总是面向太阳的习性。

## /1633 年 /

逐步升级

在佚名的《哲学家的宴会》（*Philosopher's Banquet*，有人认为作者是西奥博尔德·安吉尔伯特 (Theobaldus Anguilbertus)，即迈克尔·斯科特 (Michael Scot）中，我们发现了以下建议：

如果你喜欢吃韭葱，但是不喜欢它们的气味，那就吃洋葱，这样你就不会散发韭葱的味道。如果想要去除洋葱的味道，就吃大蒜来淹没洋葱味。

## /1644 年 /

禁止百果馅饼和李子布丁

英国内战期间清教徒国会颁布了一条法律禁止庆祝圣诞节，因为这被视为是天主教徒的宗教仪式。除了取消特别的教堂礼拜仪式外，还有一条特别禁令禁止百果馅饼和李子布丁（被称为是"身穿朱红色的巴比伦大淫妇的发明"），这促使当时的小册子作家玛奇蒙特·尼德汉姆（Marchamont Needham）写下这些诗句：

先知之子们（即清教徒）拒绝所有的李子，

香料肉汤也太辛辣；

十二月的馅饼犯了叛国罪，

炖锅里盛着死亡。

虽然在1660年查理二世复辟后，圣诞节的庆祝活动重新被允许，但对于百果馅饼和李子布丁的禁令却再也没有废除——所以技术上而言，它们至今在英格兰和威尔士都是非法的。

## / 约 1645 年 /

### 冒着触怒诸神的风险

意大利伟大的拉依蒙多·蒙特库科利（Raimondo Montecuccoli）将军在三十年战争中效命于信奉天主教的哈布斯堡王朝，但是他遵守"周五吃鱼小斋戒"的规则不够严格。有一个周五他点了一份煎蛋饼，因为感觉很饿，就要求切一些培根炒进去。这时一场暴风雨来临了，就在上菜的时候传来一声炸雷。将军拿起盘子，把盘子里的菜扔出窗外，对着雷电惊呼道："为了一道培根煎蛋饼，不至于这么大动干戈吧！"

## /1650 年 /

### 磨碎他的骨头做我的……啤酒

约翰·奥布里（John Aubrey，1626—1697 年）在他那本不太可信的《短促的人生》（*Brief Lives*）中，讲述了下面这个故事：

在赫里福德座堂下面有个我所见过的英格兰最大的尸骨停尸房。公元 1650 年，有一位穷苦的老妇人和这些骨头住在一起，她为了生火，的确曾经在柴火里混入死人骨头——这也都是出于贫穷和节俭，但奸诈的啤酒店老板娘却把这些骨灰加到她们的麦芽啤酒里增加酒劲儿。

## /1652 年 /

### 午餐的起源

根据《牛津英语词典》，"午餐"（luncheon）一词作为一餐饭食的意思，首次以印刷形式出现在这一年——不过是以"lunching"的形式——现身于理查德·布罗姆（Richard Brome）的剧作《天生一对疯子》（*A Mad Couple Well Matched*）："午休，以及两餐之间的午餐。"该词典在"午餐"词条的定义中，探讨了这一词汇的微妙细节：

最初表示两餐正餐之间的轻食，特别是早餐与中午的正餐之间。在用 dinner 表示中午的正餐的人群中，该词的意思维持着这个原意；而对于那些只把晚餐叫做 dinner 的人群中，luncheon 表示通常在下午较早时间吃的一餐（被认为比晚餐量少而且不隆重）。不过现在已经比较正式了。

这并不是"luncheon"一词最初的含义，即现在已经废弃不用的意思"一大块……一厚块"，最初出现在 1580 年的记录中（而且是"luncheon"，而不是"lunching"，这就否定了说前者是后者的变体的流行理论）。而表示一餐饭的"lunch"这一更短更为我们所熟悉的词语，则是从 19 世纪的前几十年开始使用的。

## /1653 年 /

### 催情药芦笋

尼古拉斯·库尔佩珀在这一年出版了《完全草药志》（*Complete Herbal*），其中载有关于许多食物对人体影响的观察。例如，"芦笋……连续数日早晨空腹食用，可以激发男性和女性的身体欲望。"
至于桃子："桃树是属于爱神维纳斯的。"

## /1655 年/

### 西冷牛排（Sirloin）的错误历史

托马斯·富勒(Thomas Fuller)在《不列颠教会史》(*Church-History of Britain*) 中，首次讲述了西冷牛排的称谓源自一个事件的故事，说亨利八世对于端到他面前的一块肉印象如此之好，以至于他抽出剑封其为爵士。到 1738 年，乔纳森·斯威夫特（Jonathan Swift）在《文雅和巧妙的对话全集》（*A Complete Collection of Genteel and Ingenious Conversation*）中又将这件命名的逸事归于上一位国王："詹姆斯一世国王受邀与一位贵族共进晚餐，餐桌上看到一大块牛腰肉，他拔出佩剑，封这块肉为爵士。"一个世纪以后，又轮到查理二世被当成类似传说的主人公。实际上，西冷一词来自古法语中的 *surloigne*，意思是"腰以上"。据说这个部位的肉之所以被称为"牛肉中的男爵"，也是"腰肉爵士"这个笑话的延伸。[1]不过《牛津英语词典》仍然说词源不明确。

## /1658 年/

### 医疗目的

荷兰伟大的医生和科学家弗朗西斯·西尔维于斯（Franciscus Sylvius）在这一年成为莱顿大学（University of Leiden）的医学教

---

1 这两种说法都是指西冷牛排，即里脊肉。——译者注

授。在他寻找杜松子油的廉价替代品时——医生们将其用作利尿剂——西尔维于斯试图用酒精来提取杜松子中的有效成分，却无意中做出了最早的杜松子酒（gin）。没过多久，西尔维于斯和他的同事们就意识到这种混合物除了帮助人排尿以外，还有更好的用途。

# /1659 年 /

## 藏红花过量

法国元帅格拉蒙公爵（Duc de Gramont）不喜欢藏红花，但这是西班牙菜中典型的食材。在拜访卡斯蒂利亚（Castille）上将时，他抱怨道：

宴会非常盛大，而且富有西班牙特色，也就是说多得惊人，谁都吃不完。我看见上了七百盘菜，所有的东西都是藏红花的金色；然后就眼睁睁看着它们按照端出来的样子原封不动地端回去。

## 荷兰式葬礼

荷兰弗里斯兰省斯洛滕（Sloten in Friesland）的客栈老板格利特·范·乌尔（Gerrit van Uyl）1660 年去世时，为了让整个家乡小镇都牢牢地记住他，特意摆下风光大宴，似乎整个镇子的人都被邀请了。下面是宴会的菜单：

20 大桶法国和莱茵河葡萄酒

70 个半桶[1] 的麦芽啤酒

1100 磅肉"在皇家广场上烤"

---

1 半桶，half-cask，容量单位。——译者注

550 磅西冷牛排

28 头小牛胸段

12 只全羊

18 大块鹿肉包在白色馅饼中

200 磅 "fricadelle"（碎肉）

以及足够的面包、芥末酱、奶酪、黄油和烟草

# /1660 年/

## 一只上好乳房

塞缪尔·皮普斯在他 10 月 11 日的日记里记录道："克里德（Creed）先生和我去国王街的大腿酒馆（Leg in King Street）吃晚饭，我们一起吃了一只上好乳房。"食用母牛乳房——当时被看做是类似于牛肚的东西——如今已经很少见了，主要局限于约克郡（Yorkshire）和兰开夏郡（Lancashire）的部分地区。为了去除牛奶的最后残余，乳房必须在温热的水里浸泡 4 个小时。然后在盐水里煨，直到变软（最长可能要 6 个小时）。据说味道和质地接近牛舌，但是更有嚼劲。煮熟的乳房可以切成半英寸的片，浸入打散的鸡蛋以及面包屑，然后煎至金黄。

## 做一道 Olio Podrido

下面的菜谱来自罗伯特·梅（Robert May）所著的《成就大厨》（*The Accomplisht Cook*，1966 年），作者是一位曾在法国学习和工作了五年的英格兰厨师。"Olio Podrido"是西班牙里杂烩菜（olla podrida）一词的变体（类似于法语中的 potpourri），字面意思是"烂锅"，表示一种炖菜，其液体部分会单独作为一道汤，与固体部分

分别端上桌。

取一只 3 加仑[1] 左右容量的小瓦锅或小瓦罐，装满净水，放在炭火上，先放入最硬的肉，一块牛臀肉，博洛尼亚香肠，（母牛）牛舌两只干的，两只放净血的，煮熟并涂上猪油，煮沸两小时并撇去浮沫；

在牛肉撇沫后，再放入羊肉、鹿肉、猪肉、培根，上述种种（肉片），全部切成鸭蛋大小；

再加入胡萝卜、芜菁、洋葱、两棵卷心菜，切成与肉一样大小的片，一捆扎紧的甜味香草，一些整棵的菠菜、酸模（sorrel）、琉璃苣（borage）、苦苣（endive）、金盏花（marigolds），以及其他好的野菜，稍微切碎；有时也可以放一些法国大麦，或是新鲜或是干燥的羽扇豆（lupins）。

然后在出锅前放入丁香、肉豆蔻、藏红花等。


## /1662 年/

### 勇气

托马斯·富勒在《英格兰名人传》（*The History of the Worthies of England*）中写道："此人非常勇敢，是第一个冒险吃牡蛎的人。"


## /1664 年/

### 白兰地对杜松子酒

在一场伦敦布业公会（Worshipful Company of Clothworkers）

---

1 1 加仑 =4.5461 升。

的晚宴后，高级市政官威廉·库珀爵士不幸去世了。由于威廉爵士喝下了公会的大量白兰地，因此他悲痛欲绝的寡妻将他的死归咎于布业工人奉上的烈酒，称酒是有害的。不过到她自己去世时，看起来她至少部分地原谅了他们，因为她留下的遗嘱中，包含有一份给布业工人的捐赠，内容是永久提供一种她认为更加健康的烈酒——杜松子酒。时至今日，在布业公会的宴会上，当宾客选择杜松子酒或白兰地酒的时候都会被问："您选择与高级市政官库珀还是库珀夫人共进晚餐？"

## 赞美栗子

日记作家约翰·伊夫林（John Evelyn）在《林木志，论森林树木》（*Sylva，or a Discourse of Forest Trees*）中，推广了一种被英格兰人忽视的食品：

可是在英格兰我们却把这种果子拿去喂猪，在其他国家，这可是奉献给大公们的美味……法国和意大利最高贵的餐桌上，这种果品必不可少，蘸着盐吃，就着葡萄酒或柠檬汁和糖；在一个撑架（即铁烤架）上烤熟；毫无疑问我们应该在民众中普及这种食品，因为它如此廉价而又耐储存。

顺便说一句，"板栗"（chestnut）一词里的"chest"实际上与胸部或箱子无关；相反，它源自中古英语的 chasteine，这个词又是（经由古法语的 chastaigne）来自拉丁语的栗子 castanea，最初的源头还是希腊语里表示"栗子"（Castanian nut）的一个单词，这个名字表示的是本都（小亚细亚）的卡斯塔尼亚（Castania in Pontus），或是色萨利的卡斯塔纳（Castana in Thesally）。

# /1665 年 /

## 洋葱驱除瘟疫

在大瘟疫消灭了伦敦一大半人口的同时，人们注意到洋葱小贩们似乎都对疾病具有免疫力。相同的现象也在 1849 年的霍乱流行中被注意到。

## 蒙茅斯夫人（My Lady of Monmouth）白汤阉鸡

以下的菜谱是英格兰外交官肯内姆·迪格比（Kenelm Digby，1603—1665 年）爵士所收集和创造，是收录于他去世后的 1669 年出版的《非常博学的肯内姆·迪格比爵士的秘密收藏》（*The Closet of the Eminently Learned Sir Kenelm Digby Opened*）一书中的许多菜谱之一。

蒙茅斯夫人用白汤煮了一只阉鸡，做法如下。

用羊和小牛犊的脖子肉煮一锅上好的高汤（汤的量应该保证在最后完成时，至少能够在碗里淹没 3/4 的鸡）。

把四分之一磅去皮杏仁打碎，与三四满勺奶油混合，如果愿意可以加一点玫瑰露；然后加入一些高汤，最后把所有混合物拌入剩余的汤中。

用清水煮阉鸡；另外用一锅清水煮一两条有骨髓的骨头。此外，再煮一些栗子（或者代之以开心果或浸渍的松子），再在另一个锅里用水煮一些泽芹（skirrits，应为 skirret）或苦苣，或者香芹根，可随季节不同而调整。泡发一些晒干的葡萄干，再用糖水炖一些椰枣切片。

所有配料都准备好后，用高汤搅拌两到三个新鲜鸡蛋（蛋白等全都保留），随后要煮沸，再与其余的汤混合，继续煮沸：并将其他配料一起加入，再加入一些切片的 oringiado[ 橙皮蜜饯 ]（其中原来含有的硬块冰糖已经用热面饼浸泡去除）或是一些橙子皮（或是用糖和醋腌制的柠檬，就是用于沙拉的那种），在汤里煮一会儿就捞出来：如果喜欢的话，可以在汤里放一个龙涎香的小包，加一点糖；在最后，把煮熟的骨头中取出的骨髓块加入。

随后趁热把鸡从汤里捞出，放在烤好的白面包片和面包碎块上，再把汤汁和配菜浇在上面，在上面盖一个碟子，一起再炖一会儿：然后就可以上桌了。请务必记得到时要用盐和你喜欢的香料来调味。

# /1668 年 /

### 品尝星星

一位年轻的本笃会（Benedictine）修士唐·培里侬（Dom Perignon）加入了位于香槟地区埃佩尔奈区（Épernay）的奥特维莱尔（Hautvillers）修道院，他后来成了修道院的酒窖主管，他在这个岗位上一直工作到 1715 年去世。相传是唐·培里侬通过向白葡萄酒中加入气泡，造出了第一瓶香槟酒。事实并非如此，不过他确实做了许多贡献，提高了修道院所产的葡萄酒质量，改进了自然含气的气泡酒，用软木塞来保存气泡，并且混合数种葡萄，制造出一种清淡的白葡萄酒，不同于该地区传统的浓厚红酒。还有一个故事说，当他第一次品尝自己改良的酒时他大声说："快来，我尝到了星星的味道！"路易十四成了唐·培里侬所制作的新酒的主要拥趸，据说曾用香槟酒沐浴——后世有些大明星也有相同的习惯，如玛丽莲·梦露和珍·曼斯菲尔德（Jayne Mansfield）。

## 被甜食点心出卖

妮尔·格温（Nell Gwyn）在其作为王室情妇生涯的早期，曾与另一位情妇莫尔·戴维斯（Moll Davis）争夺查理二世的宠爱。在她的朋友、剧作家阿芙拉·贝恩（Aphra Behn）的帮助下，格温小姐设计一劳永逸地解决了戴维斯小姐：

> 妮尔·格温探听到戴维斯小姐这一晚将前往国王的寝宫侍寝，于是邀请她尝试一些甜食点心。其实这些点心里面含有某种物理成分（即强力泻药），当国王在床上爱抚这位荡妇，将要临幸之时，药效强烈地发作了，她难以恪守贵妇的身份，忍不住喷出了排泄物，把自己和国王都染成了难堪的酱菜。这造成国王将她遣散出宫，只是考虑到之前的侍奉之情，发给每年一千英镑的微薄津贴，从此以后她再也没有出现在宫廷中。

> 亚历山大·史密斯首领（Captain Alexander Smith），
> 《维纳斯学校，或重现的丘比特：一部戴绿帽子与偷情的历史书》
> （*The School of Venus, or, Cupid restor'd to Sight: being a history of Cuckolds and Cuckold-makers*，1716 年）

### 一撮蜗牛与一品脱蚯蚓

汉娜·伍利（Hannah Wolley）在 1664 年出版的《烹饪指南》（*Cooks Guide*）使她成为第一位英语烹饪书的女作者，她在 1670 年出版了《王后般的壁橱》（*The Queenlike Closet*）。在收录各式菜谱之外，后一本书还特别关注药用饮品的制备，例如下面这一种：

> 治疗消耗性疾病极佳的蜗牛水
>
> 取带有背壳的蜗牛一撮，准备好一大盆炭火，在火的中间挖一个洞，把蜗牛投入火中，保持火力直到蜗牛烤熟，用一块干净

的布擦净它们，直到把所有的绿色都擦掉。

把蜗牛连壳放入石臼中捣碎，取鼠尾草（clary）、白屈菜（celandine）、琉璃苣、山萝卜（scabious）、牛舌草（bugloss）、五叶草（five leav'd grass），如果你有点儿发烧，就再加点儿酢浆草（wood-sorrel），每种都取一把，以及五棵当归（angelica）茎叶。

这些草药都放在一个石臼中捣碎，移入一个甜食砂锅中，加入 5 夸脱[1] 白葡萄酒，2 夸脱麦芽啤酒，浸泡一整夜；随后全部放入一个蒸馏器（一种用于蒸馏的曲颈瓶），把草药铺在最下面，上面铺上蜗牛，蜗牛上面铺上 1 品脱切开并用白葡萄酒清洗过的蚯蚓，上面再放 4 盎司[2] 捣碎的茴芹（aniseeds）或是小茴香种子，以及 5 大把细细挑选过的迷迭香（rosemary）花和两三个切成细片的姜黄（turmeric）根，还有鹿角和象牙各 4 盎司，全都浸泡在白葡萄酒中，直到形成凝胶状，再小心地取出。

# /1671 年/

## 恪尽职守

孔代亲王（Prince of Condé）路易·德·波旁（Louis de Bourbon）在尚蒂伊城堡（Château de Chantilly）做东宴请约两千位宾客，其中包括国王路易十四。负责筵席的是著名主厨弗朗索瓦·瓦德勒（François Vatel）。可是，一丝不苟的瓦德勒被一系列失误所困扰，其中最严重的打击是听说他所预定的大量的鱼无法按时到达——而宴会将在星期五开始。瓦德勒无法承受这样的耻辱，他把剑固定在自己房间的门上，刺死了自己。这个故事的一个版本说，

---

1　1 夸脱 =1.1345 升。

2　1 盎司 =0.02835 千克。

是一位前去通知他鱼终于送到了的仆人发现了他的尸体。

## /1673 年 /

### 用什么把奶酪染绿？

英国旅行家和博物学家约翰·雷（John Ray）在他的《旅行低地国家、德国、意大利及法国部分地区时所做地形学、道德以及生理观察》（*Observations topographical, moral, and physiological, made on a Journey through part of the Low Countries, Germany, Italy and France*）中详细描述了荷兰奶酪的繁多品种，包括一种绿色奶酪，"据说是用绵羊粪便中的汁液染色的"。

## /1674 年 /

### 女性反对咖啡的请愿书

一份带有上述标题的匿名小册子出现在英国，声称饮用咖啡使得人们"浪费时间……花费金钱，全是为了一点儿不道德的、黑色、浓厚、肮脏、发臭、令人作呕的脏水"。即使是在法国，这个咖啡爱好者的国度，也有人认识到节制很重要——正如著名美食家让·安泰尔姆·布里亚-萨瓦兰在他的《味觉生理学》（1825 年）中所建议的："所有的爸爸和妈妈都有责任禁止他们的孩子喝咖啡，除非他们想让自己的孩子发育不良，变成缺乏润滑的小机器，到 20 岁就已衰老。"

# /1678 年 /

## 一天 200 杯茶

荷兰作家科内利斯·本特古（Cornelis Bontekoe）在他的《论优秀的花草茶》（*Tractaat van het Excellent Kruyd Thee*）中建议说，为了保持健康，一个人每天至少要喝 8~ 10 杯茶，而 50 杯甚至 200 杯都不算多。到了 1696 年，荷兰报纸《海牙水星报》（*Haagsche Mercurius*）报道说，由于喝茶使本特古的"身体润滑剂"都干涸了，"他的关节像响板一样咯咯作响"。不过总体而言，荷兰人还是非常喜爱喝茶的，下面这首 17 世纪 70 年代的佚名短诗就是证明：

> 茶有助头脑和心灵，
> 茶能治百病，
> 茶让人返老还童，
> 茶让挨冻的人连小便都是热的。

# /1679 年 /

## 让他们吃鲑鱼

沃尔特·司各特（Walter Scott）爵士 1816 年的小说《修墓老人》（*Old Mortality*），故事的时间设置为 1679 年的盟约者起义（covenanter rising），在本书中，作者描述了鲑鱼并不总是被视为奢侈品：

> 一条巨大的水煮鲑鱼在今天显示的是家用开销的阔绰；但在那个时代，在苏格兰的无数河流中，鲑鱼捕捞数量如此之多，以至于它都不被视为美味佳肴，而主要被用来养活仆役，据说有时候

有规定说：他们吃这种质量如此之高的美味，一周不能超过五次。

类似的规定似乎在其他地方也曾流行。托马斯·纽金特（Thomas Nugent）18世纪30年代曾在荷兰旅行，他记录道："仆人们从前曾与他们的主人协议，每周吃鲑鱼不超过两次。"

### 骨头蒸煮器

伟大的罗伯特·波义耳的助手，法国出生的物理学家丹尼斯·帕潘（Denis Papin），向伦敦的皇家学会（Royal Society）展示了他发明的"新式蒸煮器，软化骨头的新发明"。帕潘用他的机器显示了，只要把骨头在压力下煮足够长的时间，就能够获得骨髓油和一种能够用来使酱料增稠的骨髓浆。骨质本身会变得非常脆，很容易磨碎做成骨粉。在蒸煮器的后续改进版本中，帕潘加入了一个蒸汽释放阀，以防止装置爆炸。帕潘的蒸煮器实际上是第一个压力锅——而且确实是蒸汽机的先行者，第一台蒸汽机是托马斯·塞维利（Thomas Savery）于1697年制造出的，而他正是基于帕潘的设计。

# /1683 年 /

可颂面包（Croissant，又称牛角、羊角面包）起源的一种说法

在土耳其军围困维也纳期间，一次对这座城市的夜间奇袭被一位面包师挫败了，当时他正早早起来点燃烤炉，却听到地下挖掘隧道的声音。他拉响了警报，土耳其军的隧道被炸毁了。在胜利庆典上，这位面包师想出了一种新的酥皮点心：新月形面包（kipferl），它外形像一弯新月——这正是伊斯兰的象征，入侵者的奥斯曼帝国国旗上也有。新月形面包很快就成了维也纳特产。

尽管故事引人入胜，但是其实新月形面包的记录至少早至 13世纪，而新月形状的面包则更能够追溯到古典时期。到了 19 世纪 30 年代，前奥地利炮兵军官奥古斯塔·臧（August Zang）在巴黎黎塞留大街（rue de Richelieu）开办维也纳面包房（Boulangerie Viennoise）时，他的新月形面包大受欢迎，以至于巴黎面包师纷纷模仿——而他们把他们的仿制品叫做可颂面包（Croissant）——也就是法语里面"新月形"的意思。


# /1685 年 /

论防止随桌吐痰

在一本名为《文明礼貌规则；即所有高素质人士在某些场合的举止之观察》（*The Rules of Civility; or, Certain Ways of Deportment observed amongst all Persons of Quality upon several Occasions*）的礼仪书籍——是安托万·德·库尔坦（Antoine de Courtin）著于 1671 年的《文明礼貌新规则》（*Nouveau traité de la civilité*）的英

译本——之中，作者忠告我们中间那些不太文雅的食客：

> 必须尽可能地克制咳痰和吐痰的欲望，如果实在忍不住，而又发现房间非常整洁的话，那就必须转过身去，吐在手帕中，不要吐在房间里。

这篇教训显然当时的英国人没怎么遵守，比如 1730 年一位匿名的礼仪作家就感到很有必要提醒他的读者们"应小心避免对着饭桌咳嗽、打哈欠或打喷嚏"。

# /1686 年 /

## 斯塔福德郡奇迹

罗伯特·普洛特（Robert Plot）在《斯塔福德郡自然史》（*Natural History of Staffordshire*）中讲述了威金顿的玛丽·沃顿（Mary Waughton of Wigginton）的故事，她每天的食量绝不超过"半克朗硬币那么大的黄油面包；或者，如果吃肉的话，至多不超过一个鸽子蛋大小"。他还写道：

> 她既不喝红酒、麦芽啤酒也不喝啤酒，只喝水或者牛奶，或者两者混着喝，不过加起来一天也不超过一勺的量。然而她仍然是一位肤色亮丽的少女，非常健康，对于英格兰国教会非常虔诚，因此也不太可能对天下人撒谎；此外，许多与她住在一起的有身份的人都知道，任何更多的食物，或者任何一种烈酒，都能使她恶心呕吐。

## /1688 年/

### 论醉酒之功用

11 月 12 日，著有《摩登人物》（*The Man of Mode*）等王政复辟时期（Restoration）喜剧的乔治·埃瑟里奇爵士（Sir George Etheredge）写信给白金汉公爵（Duke of Buckingham），表示人在青年和中年时期应该避免醉酒，因为在对爱情的高尚追求中，醉酒只会浇灭一个人的热情。然而他又写道：

到了年老时……这时可以让自己的思想和理智偷偷放松，那么小心地使自己进入微醺的状态，则既有助于心灵安宁又有利于身体健康。

## /约 1690 年/

### 令人飘飘欲仙的臭鱼

在对印度莫卧儿王朝宫廷生活的描述中，意大利旅行家尼可拉·马努奇（Niccolao Manucci）记录了巴尔赫王国（Balkh，今在阿富汗北部）的国王给奥朗则布（Aurangze）皇帝送来的一百匹骆驼驮着的礼物。其中有整箱的臭鱼——据说这是令人重振欲望的最佳补品。

### 宿醉妙方

爱尔兰科学家罗伯特·波义耳（Robert Boyle，1627—1691）发现了波义耳定律，并被视为近代化学之父，其实人们也应该记住他发明的"治疗酒醉后头疼妙方"：

取嫩的绿铁杉（hemlock），

放进你的袜子里，在脚底和袜子之间薄薄地铺一层。

每日换一次。


# /1694 年 /

何为野餐？

1694 年"野餐（picnic）"一词首次出现在记录中，当时是以一个法语短语 "repas à picnique" 的形式。"repas à picnique" 最初的意思是一次聚餐（但不一定是在户外的），其中每一位用餐者都带一份食物来，或者自己付自己那一份的钱。

这个词可能源自中古法语中的 piquer "偷、窃" 和 nique，后者指一种小铜币，引申为"无甚价值"。"picnic"一词最初于1748 年出现在英语中，从上下文来看显然是指一顿在折叠小牌桌上吃的饭。看起来是在此之后，这个词才有了户外用餐的含义。

## /1695 年 /

### 喝彼此的血

马丁·马丁（Martin Martin，本人就是土生土长的斯凯（Skye）岛人）在《苏格兰西部群岛志》（*Description of the Western Isles of Scotland*）中描写了结义兄弟的传统仪式在赫布里底群岛（Hebridean）的变体：

他们古代的联盟关系是通过喝一滴彼此的血来结成的，通常是从小手指上取血。这种结盟具有宗教上的神圣性；而且如果有人违反了这一盟约，他从这时起就被认为不配与任何正直的人交谈。

## /1697 年 /

### 睾丸果

英语中首次提及原产于西印度群岛的鳄梨（avocado，即牛油果），是在威廉·丹皮尔（William Dampier）出版于 1697 年的《新的环球航海》（*New Voyage Around the World*）一书中。西班牙语里的 avocado（"倡导"的意思）实际上是纳瓦特尔语（Nahuatl）单词 ahuácatl 的变体，原来的意思是"睾丸"或"阴囊"——说的是这种水果的外形。18 世纪又发生了一次变体，这次是一些说英语的人开始使用"鳄鱼梨"的说法。

### 烧烤（Barbecue）又是从哪里来？

丹皮尔的《新航海》也是英语中首次提及"烧烤"一词的，原意是指一个木制框架，用来睡觉或者是用来烟熏或烤干肉的。

许多人怀疑这个词本身来自法语中的 barbe à queue，"下垂的大胡子"。但是《牛津英语词典》否定这种说法，说这是"一种荒谬的猜想"，声称这个词似乎来自圭亚那一种美洲原住民语言。无论其来源如何，很少有人会不同意一句意大利谚语："只要在炭火上烤，就是一只旧靴子也会好吃。"不过英国大厨及自由党议员克莱门特·弗洛伊德（Clement Freud）在他的《弗洛伊德论美食》（*Freud on Food*，1978 年）中反对这一观点，他说："烧烤是一种生活方式，而非一种可取的烹饪方法。"

### 吃下罪孽

古董商和八卦爱好者约翰·奥布里死于这一年。在他身后留下许多未发表的手稿中有许多关于吃下罪孽的习俗的说明，说是当有人去世时，某些专业人士会收费实施一种仪式，可以"吃下"死者的罪孽，也就是把罪过转移到自己身上。这一风俗最初的灵感可能来自《旧约》中一段提及祭司的作用："他们吃我民的赎罪祭"（何西阿书，4：8）。在一篇文章中奥布里这样说：

在我们长辈的记忆中，在什罗普郡那些毗邻威尔士的村庄里，如果有一个人去世，他们就会带信给一位"大人（sire）"（他们就是这样称呼这人的），他马上就会来到死者所在的地方，站在房门前，这时就会有一位死者亲属走出来给他一只矮凳(或是高凳)，他就面对大门坐下。他们给他一个格罗特硬币，他就放进自己口袋里；给他一块面包，他就吃掉；给他满满一碗麦芽啤酒，他一饮而尽。随后他就从凳子上站起来，平静地宣告："灵魂已经平和宁静地离去了，无牵无挂。"

在另一篇文章中，奥布里如是说：

在赫里福德县有一个古老的习俗，在葬礼上雇佣穷人来从死者一方担过罪孽。我记得其中有一个（他是一个高个、精瘦、丑陋而又可悲的贫穷无赖），住在罗斯（Rosse）公路边的小屋里。规矩是这样的，当遗体被搬出屋子，停放在灵床上时，拿出一条面包，越过遗体交给吃罪孽者，还有一个枫木做的碗（酒具），装满啤酒（他需要全部喝光），以及6便士的硬币——作为他所要负担之物的报酬，也就是死者的全部罪孽，使得死者能够自由地离去。

在第三个地方，奥布里又指出："这种习俗此前遍及威尔士全境"，直到1686年，在这个国家的北部仍然存留着。

### 腌白蜡树果实（Ash-Keys）

著名日记作家和园艺家约翰·伊夫林在他出版于1699年的《论沙拉》（*Acetaria: A Discourse on Sallets*）中，提供了一份腌制白蜡树果实的做法：

白蜡树果实

收集幼嫩者，煮沸三到四次，以去除苦味；

一直煮到柔软，再准备味道辛辣的白葡萄酒醋、糖和少量水调成的糖浆。

然后用大火煮，混合物将变成绿色，一旦冷却就可以装罐。

对白蜡树果实的喜好并没有延续到现代，正如爱德华·休姆（Edward Hulme）在他的《乡间野果》（*Wild Fruits of the Country-Side*，1902年）中所指出的："一个人第一次尝试之后，就再也不会产生什么特殊的兴趣了。"

# 18 世纪

# /1703 年/

### 平庸者中最平庸的

努万泰（Nointel）侯爵路易·德·贝夏媚（Louis de Bécha-
mel）是法国国王路易十四的事务总管，他死于这一年。据认为是
侯爵本人或是他的大厨之一发明了一种用洋葱和调料调味的白色
酱汁，而且一般认为这种酱——法国菜中的基本酱汁之一——是
以他的名字命名的。本着主导凡尔赛宫宫廷生活的嫉妒精神，另
一位平庸的贵族艾斯卡公爵（Duc d'Escars）抱怨道："贝夏媚这家
伙真有鬼运气。我的大厨早在他还没出生前就给我做奶油鸡胸肉了，
但是怎么就没人用我的名字命名一个酱汁呢。"


# /1715 年/

### 正菜之外

"前菜"（hors d'oeuvre）一词首次出现在英语中，是约瑟
夫·艾迪生（Joseph Addison）在《旁观者》（*The Spectator*）杂志
第 576 卷的一篇文章中。最初，按照艾迪生的说法，表示"某些
与众不同的事物"，换言之也就是与主菜不同的菜式。这个词源自
法语，字面上的意思是"作品之外"，不过从 16 世纪开始转而指
所有的小型建筑，如不在建筑师设计蓝图之中的辅助建筑。在英国，
到 18 世纪 40 年代，这个词已经获得了其现代含义，即"正菜之
外"，在主菜之前上桌的开胃菜。

# /1718 年 /

## 咖啡中禁止加入羊粪

爱尔兰议会通过了一项法律，禁止把羊粪掺进咖啡豆里。尽管咖啡爱好者拒绝羊或兔的粪便，他们却追捧经过一种麝香猫消化系统排出的咖啡豆（参见约 1850 年）。

## 满汉全席

在 1720 年的中国，满清王朝的第四位皇帝康熙皇帝举行了一系列奢华盛宴，被称为满汉全席。其目的不仅是为了庆祝他 66 岁的生日，也是为了用两个民族的美食来调和本地汉族人与满族征服者之间的关系。宴会持续了三天，吃了六顿，呈上了超过 300 种不同的菜肴。以下只是一小部分例子：

驼峰

猴脑

猿唇

豹胎

犀尾

鹿筋

鱼翅

干海参

雪掌

（熊掌与鲟鱼）

金眼炖脑

（豆腐炖鸭子、鸡和杜鹃鸟脑子）

### 黄金酒

《主妇大全》（*Compleat Housewife*），作者 E（可能是伊丽莎 Eliza）·史密斯，首先于 1727 年在伦敦出版，到 1742 年，该书成为第一本在美洲印刷的烹饪书（在威廉斯堡）。在书中的许多菜谱中，有一份是"黄金酒"：

取 2 加仑白兰地，2.5 打兰[1]（drams）双倍加香的意大利胭脂红色力娇酒（alkermes）[一种含有胭脂虫红 Kermes vermilio 的力娇酒]，1/4 打兰丁香油，1 盎司藏红花精，3 磅二次精炼的糖粉，一叠金箔。

首先把白兰地装入一个新的大瓶子；随后把 3~4 勺白兰地放入一个瓷杯，与红色力娇酒混合；加入丁香油，搅拌混合，再加入藏红花精并搅拌；将混合物装入白兰地瓶中，再加入糖，用软木塞塞住瓶口，紧紧地绑住；整瓶充分摇匀，随后两三天每天都摇动，然后直立静置两星期。

酒瓶必须直立静置，如果要倒进别的瓶子，也必须缓缓倾斜；在每个瓶子里放入两片切碎的金箔；你或许会得到一两夸脱沉淀浑浊的酒，不过它们的质量仍然很好，尽管不如上层澄净的好。

金箔长期以来就用于食用，是完全无害的；在欧盟认可的食品添加物列表中，黄金得到了 E175 的编号。

# /1731 年/

### 鱼应该游三次

乔纳森·斯威夫特在这一年完成了《文雅和巧妙的对话全集》

---

[1] 1 打兰 =1.7718 克。

（出版于 1738 年），其中聪明老爷（Lord Smart）认为"鱼应该游三次"，他解释说："第一次是在海里游……第二次是在黄油里；最后一次嘛，小子，它应该在上好的干红葡萄酒里游。"

# /1735 年/

## 老英格兰的烤牛肉（The Roast Beef of Old England）

由理查德·利弗里奇（Richard Leveridge）作曲，亨利·菲尔丁（Henry Fielding）填词的一首爱国歌曲《老英格兰的烤牛肉》，在这一年迅速流行起来，剧院演出的每一场戏剧的开始和结尾时，观众都会合唱。

> 非凡的烤牛肉是英格兰人的食物，
> 使我们心灵高贵，血脉充实，
> 战士英勇，朝臣忠诚，
> 噢！老英格兰的烤牛肉！
> 噢！因为老英格兰的烤牛肉！
>
> 但是自从我们学习傲慢的法国，
> 他们的蔬菜炖肉，还有跳舞。
> 我们已经受够了只有虚假的殷勤，
> 噢！老英格兰的烤牛肉！
> 噢！因为老英格兰的烤牛肉！
>
> 我们的祖先强健、粗壮而又坚强，
> 大门永远敞开，整天兴高采烈，
> 丰满的住户们都陶醉在这首歌里——
> 噢！老英格兰的烤牛肉！

噢！因为老英格兰的烤牛肉！

可是如今我们衰落到我该怎么形容，

偷偷摸摸的可怜种族，血统不纯而又驯服，

是谁玷污了我们曾经耀眼的荣光，

噢！老英格兰的烤牛肉！

噢！因为老英格兰的烤牛肉！

噢！老英格兰的烤牛肉！

噢！因为老英格兰的烤牛肉！

噢！老英格兰的烤牛肉！

噢！因为老英格兰的烤牛肉！

　　一个半世纪之后，在泰坦尼克号上，有一位号手每晚都演奏利弗里奇这首歌的曲调，召唤头等舱的旅客前来用晚餐。

　　1748 年，艺术家威廉·贺加斯（William Hogarth）画了《噢，老英格兰的烤牛肉》（如上图），画中有一扇牛肉被运进加来(Calais）

港，供英国游客食用，而各式各样虚弱和消瘦的法国人以羡慕的眼光旁观着。贺加斯创作这幅爱国画作的灵感来自他不久前的经历，他当时在速写加来的城门，却被法国当局逮捕并以间谍罪起诉。幸运的是，法国和英国正在为一项和平协议谈判，因而贺加斯才得以被送上第一艘返回多佛（Dover）的船。

就在贺加斯绘制这幅画的同一年，一位到访英国的瑞典游客伯尔·卡姆（Per Kalm）注意到：

英国人几乎比其他任何人都更擅长完美烤肉的艺术，这倒也无须惊讶，因为大多数的英国人经常实施的烹饪，并不超出烧烤牛肉和做李子布丁的范畴。

此说不无道理，正是由于这个原因，法国人才把英国人叫做烤牛肉（les rosbifs）（不过，因为在 1998 年世界杯期间，英国球迷在法国的所作所为，法国人现在改叫他们为讨厌鬼（les fuckoffs））。

### 用巫术煮肉

1735 年左右，一位名叫约翰·里奇（John Rich）的英国演员发明了一种叫做"巫师"的装置，这是一种装有密封盖子的火锅，能够使用牛皮纸捻作为燃料，迅速烧熟薄片的肉。"巫师"后来变成了"魔术师"，在伊丽莎·阿克顿的《私人家庭的现代烹饪法》（*Modern Cookery for Private Families*，1845 年）中能够找到对其的描述：

在一种叫做魔术师的装置中，只需一两片点燃的纸，就可以快速烧熟牛排或肉饼。

开启锅盖，放入适当调味的肉，下面放一小片黄油，从露出的缝隙中插入点燃的纸片；在 8~10 分钟后，肉就熟了，而且相当柔软，还非常美味：在整个过程中必须偶尔翻动一下。

对于那些出于职业需要，吃饭时间无法确定的人来说这是特别方便的烹饪方式。放置肉的地方是锡块制成的，紧密固定在铁皮制成的支架上。

# /1736 年 /

### 戴绿帽的安慰

在英国，新近实施的杜松子酒法案规定要向这种越来越受欢迎的烈酒征收高额税赋，导致伦敦、诺维奇（Norwich）、布里斯托尔（Bristol）和其他城市发生骚乱。零售商则设法规避法律条文，用这些名字来售卖杜松子酒：戴绿帽的安慰、鲍勃、代用品、扇巴掌博妮塔、日内瓦夫人、女士的喜悦、梁木、胆汁、葡萄水，甚至是科西嘉国王西奥多。不过当局并没有被蒙骗过去。

# /1741 年 /

### 坏血病（scurvy）的影响

从欧洲人大冒险时代的一开始，海上长途航行就伴随着一种可怕的疾病——坏血病。坏血病发病初期的症状是嗜睡、牙龈浮肿、皮肤斑点和黏膜出血；随着病情加剧，其特征是伤口化脓、牙齿脱落、黄疸、发烧以及死亡。1740—1744 年，当海军元帅乔治·安森（George Anson）率领皇家海军分舰队进行环球航行时，人们还不了解坏血病是由营养不良引起的，特别是缺乏新鲜水果和蔬菜(我们现在知道是因为它们含有维生素 C，其缺乏会造成坏血病）。安森的随军牧师理查德·沃尔特（Richard Walter），在《环球航海记》（*A Voyage Round the World*，1748 年）中描述了这种疾病的可怕效果，这次航行中每三个人中就有两人死于这一疾病：

这种病在所有的长途航行中如此高发，而且特别具有毁灭性，通常开始于一种奇怪的精神低落，同时伴有颤抖、战栗，以及对于最轻微的意外也感到极度恐惧。事实上，最引人注目的是，在我们反复经历这种病症的过程中，无论我们的人员有没有气馁，无论士气是否消沉，疫病总有新的力量……

一种最不寻常的情况，当然只有单一证据，不足以确信，是多年以前已经愈合的伤疤被这种瘟病再次撕裂开来。在百夫长号（Centurion）上就有一位伤残军人，是一个值得注意的例子，他 50 多年前在博因河战役（Battle of the Boyne）中负伤，虽然之后他很快痊愈，而且在过去的这么多年里一直无恙，但是一旦遭到败血症的侵袭，他的旧伤却随着病情发展而破裂，而且看似再也不能治好。

一位名叫詹姆斯·林德（James Lind）的海军外科医生于 18 世纪 50 年代证明，坏血病可以通过饮用青柠汁或柠檬汁来预防；而詹姆斯·库克（James Cook）船长在 18 世纪六七十年代的发现之旅中，携带了大量酸泡菜，也被证明是有效的。然而，直到 18 世纪末，皇家海军才采用浓缩青柠汁作为海员标准口粮的一部分。

## /1744 年/

消化不良诗

苏格兰医生约翰·阿姆斯特朗（John Armstrong）在《保持健

康之艺术》（*The Art of Preserving Health*）中把他的医学建议写成了诗，这是他第二本关注饮食，并警告食用过多油脂的危害的著作：

> 不溶性之油，
>
> 如此温柔与诡谲，汹涌
>
> 如腐臭的胆汁：因而所骚动的，
>
> 所升起的恐怖，与恶心关联。
>
> 请选择精瘦的食品吧，汝之喜好
>
> 乃是过快地吸取黏稠的养分。

## /1745 年/

### 神对吃饭的指导

瑞典科学家及哲学家伊曼纽·斯威登堡（Emanuel Swedenborg）的神秘主义者生涯开始于伦敦，正如一个世纪之后，卡罗琳·福克斯（Caroline Fox）在她 1847 年 4 月 7 日的日记中所记录的那样：

斯威登堡……走进主教门大街（Bishopsgate Street）上的一家小饭馆，他吃得很快，这时他自以为看见房间的角落里出现了耶稣基督的幻象，对他说："吃慢些。"这是他所有的幻觉和神秘的交流体验的开始。

另一种说法说，在吃完这顿饭后，斯威登堡眼前一黑，随后他发现房间角落里有一位神秘的陌生人，告诉他"不要吃太多"。斯威登堡吓坏了，匆忙跑回家，而这位陌生人再次出现在他的梦里，宣告说他就是上帝，并指定斯威登堡来揭示圣经的精神内涵。历史记录里面没有说斯威登堡的用餐习惯到底有没有因这次经历而改变。

# /1747 年 /

### 如何不煎蛋

汉娜·格拉斯（Hannah Glasse）是《女性简易烹饪艺术》（*The Art of Cookery Made Plain and Easy, by a Lady*，1747 年）一书的匿名作者，她谴责法国人煎鸡蛋的方式：

我听说有一位厨师用 6 磅的黄油煎了 12 只鸡蛋，而任何懂得烹调的人都知道，半磅就足够了。

她随后又附上一份菜谱来说明"一磅黄油都能烧烤哪些菜"。格拉斯夫人对法国菜无甚好感：在给出了"法式酱料鹬鸪"的详细做法之后，她总结道："我不推荐这道菜；因为我认为这就是一堆奇怪的垃圾。"她还有一份更有异国风情的菜谱是"另一种给大蛋糕装饰糖霜的方法"，这种方法要用到龙涎香，一种产自抹香鲸肠道的蜡质、香气浓烈的分泌物。（顺便说一句，中国人在茶里加龙涎香，他们将这种物质称为"龙涎之香"。）

### 首先你得抓住一只野兔

这句话长久以来被错误地认为是来自汉娜·格拉斯的《女性简易烹饪艺术》。为了澄清这一点，下面是她的烤野兔菜谱：

烤野兔
把野兔剥皮，给它填馅：

取 1/4 磅板油和同样数量的面包屑，一点儿切细的西芹，以及切碎后足够铺满一个 6 便士硬币的百里香；一条鳀鱼切成小块，一只很小的辣椒、一些盐和肉豆蔻、两只鸡蛋，以及少许柠檬皮。把所有材料混合在一起，塞入兔子腹中。

缝合腹部，挤出水分，放到火上，火必须要大。

你的烤锅必须非常干净完整。在锅里加入 2 夸脱牛奶和 0.5 磅黄油：在烤制的过程中必须不停地往肉上浇黄油和牛奶，直到全部耗尽，这时兔肉就烤好了。

如果喜欢吃肝脏，可以加在馅料里。肝必须先煮到半熟，然后切碎。

格拉斯夫人建议伴着野兔一起吃的是一种用肉汁做的酱，以及"装在杯子里温热的醋栗果酱"，或是"红酒和糖煮成的糖浆"。

# /1748 年 /

## 土豆捍卫者

法国国会通过了一项法律，禁止栽培土豆，理由是它们会引起麻风病和其他疾病——这一怀疑可能是基于土豆植株与能够致人死命的茄科植物有亲属关系（番茄和烟草植株也有类似关系）。至此，土豆在法国只用来喂食牲畜，但到了 1755 年，富人已经吃上了炸薯条（pommes frites）（请参见下文）。

而真正让法国人普遍接受土豆为食物的，是法国药剂师和营养学家安托万 - 奥古斯特·帕芒蒂埃（Antoine-Auguste Parmentier，1737—1813 年）。帕芒蒂埃在七年战争（1756—1763 年）期间在法军中服役，并被普鲁士人俘虏；他被关押期间，被迫靠土豆维生——从而开始相信土豆可以食用。在他的努力下，1772 年巴黎大学医学院宣布土豆适合人类食用。

帕芒蒂埃继续宣扬土豆的好处，他举办盛大的晚宴，邀请诸如本杰明·富兰克林（Benjamin Franklin）和安托万·拉瓦锡（Antoine Lavoisier）这样的贵宾，宴席奉上各种异国风情的土豆菜肴。帕芒蒂埃还向国王和王后进献土豆花的花束，并在他位于巴黎以西讷伊（Neuilly）附近萨布隆（Sablons）的土豆菜地派驻了卫兵，以显示他的作物是稀罕之物。这产生了预期的效果：当地民众真的潜入菜地来偷窃土豆块茎，帕芒蒂埃又指示卫兵接受所有的贿赂，而且晚上下班。不过还是要等到 1785 年粮食歉收，土豆才在法国获得广泛的接受。为了纪念帕芒蒂埃，许多与土豆有关的菜式都用他的名字命名，其中包括焗牛肉薯蓉（hachis parmentier），即牧羊人派（或农家馅饼）的法国版。

## / 约 1750 年 /

### 丰饶之塔

在 18 世纪的狂欢节时期，那不勒斯的波旁王朝国王会用搭建 Cuccagna 的方式来争取贫穷臣民的忠心——这个词就是安乐乡（Cockaigne）——丰饶之地的意大利语版。那不勒斯的安乐乡是一座多层木塔，装饰着绿色树枝和人造花卉。塔里装有大量的食物和饮料，还有活的羊羔和牛犊，以及翅膀都被钉在墙上的鹅和鸽子。根据一位当时的目击者说，当国王一声令下，"人群便一拥而上，拆毁建筑，拿走任何能够抢到手的东西，并互相斗殴，直到最终闹出人命"。而富人觉得这相当好玩。这个传统于 1779 年被废除。

## /1755 年 /

### 从炸薯条到自由薯条

法国烹饪作家梅农（他一直只是以这个名字为世人所知）出

版了《宫廷宴会》（*Les Soupers de la Cour*），该书主要论及大型宴会，从皇家宴会到比较普通人家 30~40 位宾客的晚宴。在这样的宴会上要上超过 100 盘菜肴，分为 5 道，菜谱之中就有一道是炸薯条。由于油炸土豆需要用大量的油，因此当时炸薯条基本上是富人的专利。一般认为是托马斯·杰斐逊在 18 世纪 80 年代把炸薯条的概念带回到新生的美国，1802 年，出现在白宫晚宴菜单上的是"法国式土豆"。从此以后，在美国这道菜被称为"法式炸土豆"，随后成了"法式薯条"（French fries），或只是"炸薯条"（fries）。（在英国，炸薯条被称为"薯片 chips"，而在美国和法国被称为薯片的食品，在英国被叫做 crisps。）由于法国人（被敌视地称为"吃奶酪的投降派猴子"）拒绝在 2003 年参与伊拉克战争，许多美国餐厅临时性地做了命名改动，把"法式薯条"改成了"自由薯条"。关于法式土司，也有一个类似的故事，请参见1346 年。

### 约翰逊博士侮辱苏格兰国菜

塞缪尔·约翰逊（Samuel Johnson）博士在《约翰逊字典》（*Dictionary of the English Language*）中著名的燕麦定义是"英格兰人通常用来喂马，苏格兰人却拿来食用的谷物"。苏格兰人对此怀恨在心。在约翰逊博士 1773 年访问圣安德鲁斯大学（University of St Andrews），并被以法式佳肴款待之后，诗人罗伯特·弗格森（Robert Fergusson）作了一首为苏格兰同胞复仇的诗：

但是小伙子们听我说！若是我在当场，

我该如何修改招待的菜单！

他绝不会从满怀敬意的我手中

吃到那些鬼东西。

你们知道这个撒谎的山姆！

都在他的词典里写了些什么？

在英格兰能吃到牛马之类

就算盛宴，

但在苏格兰的土地上

在我们的人民看来只是家常便饭。

弗格森然后列出了他认为应该用来招待约翰逊的苏格兰菜：肉馅羊肚、羊头，以及白布丁和黑布丁（血肠）。

## /1756 年 /

### 马翁乃兹酱

黎塞留公爵（Duc de Richelieu）所率领的法军从英军手中夺取了梅诺卡岛（Minorca）的首府马翁港（Mahon）。（拜恩海军上将阿德米拉尔·宾（Admiral Byng）则由于未能尽职而遭受失败，被军事法庭判处枪决——"杀鸡儆猴"，伏尔泰为此给出了著名的评价。）为了庆功，黎塞留命令他的主厨准备丰盛的宴会，但这位主厨无法获得浓郁的法国调味汁所必需的奶油，不得不即兴发挥。他发现当地的蒜泥蛋黄酱（aïoli）——一种柠檬汁和橄榄油混合的乳液，以蛋黄固化并以生大蒜调味——与奶油的黏稠度相近，他按照自己的需要省略了大蒜。其结果令黎塞留十分满意，他为这种新式酱料命名为"马翁乃兹（Mahonnaise）"以纪念自己的胜利。后来这个名字演变成我们今天熟悉的蛋黄酱（mayonnaise）。

# /1757 年 /

## 茶：所有痛苦的根源

在《论茶》（*Essay on Tea*）中，乔纳斯·汉韦（Jonas Hanway）哀叹这种饮料的有害影响："男性身高尽失，清秀不再；女性失去美貌。侍女也花容失色，我认为这都是由于饮茶。"汉韦认为喝茶这种"恶习"使仆役及其他他们体力劳动者耽于安乐，不再老实干活，因而也就使穷人的面包钱更少。他描述了在最贫穷的住宅区所发现的景象："男男女女都在喝茶，早上或是下午，更多的人两顿都喝。为了喝茶，面包都吃不起……不幸本身无力改变喝茶的习惯，很多时候不幸正是喝茶导致的。"喝茶还造成"照料儿童不善"以及更加严重的"这种造成胃肠胀气的饮料缩短了许多人的寿命"。实际上，他还论定："自从喝茶的时尚风行以来，连自杀都比以前更多听闻了。"

1821 年，威廉·科贝特（William Cobbett）在《饮茶之恶》（*Vice of Tea-Drinking*）中继续汉韦的论调，对于茶取代麦芽啤酒原有的地位表示遗憾：

茶百无一用，声名狼藉；其中不含有任何一点营养；除了没有任何好处以外，反而还有害，因为众所周知它在许多情况下使人昏昏欲睡，在所有人身上都产生动摇和削弱神经的作用。

简短截说：

我认为喝茶有害健康，使骨架脆弱，造成柔弱和懒惰，使青年放荡，使老人痛苦。

### 一件微不足道的事

1759 年，曾服务过纽卡斯尔公爵（Duke of Newcastle），后来又接管雷威斯的白鹿餐馆（White Hart Inn in Lewes）的英国厨师威廉·维瑞尔（William Verral）出版了《完全烹饪手册》（*A Complete System of Cookery*），该书反映了他在著名的法国大厨圣——克洛埃特（Saint-Clouet）先生手下的学徒生涯。下面是其中一个比较简单的菜谱：

鳀鱼帕马森干酪
用提纯的油或黄油煎一些与鳀鱼近似长度的面包。

在每片面包上放置半条带骨的鳀鱼，上面撒一些磨细的帕马森干酪，然后放到一个烤炉或沙罗曼达（salamander）（一种圆形烤炉，放在盘子上方进行炙烤）烤制。

挤入橙汁或柠檬汁，然后在盘子里叠放好，送上餐桌。

这看起来微不足道，但我从来没有看到过这道菜上桌后没人吃。

此书出版时，英国正卷入与法国的七年战争，而在其读者中的极端民族主义分子看来，维瑞尔对于法式烹饪的坚持令人深深怀疑。例如，《述评》（*Critical Review*，1759 年第 8 卷）的一位投稿者就怒不可遏：

> 这本书名为《完全烹饪手册》，但是实际上完全可以叫做《完全政治手册》，是的，而且是可恶的政治，想想当前的严峻形势！即使说不上是宣言政治体制，至少也是捏造了一套有利于我们长期的敌人法国的政治制度的说辞。不，作者完全忘却了，甚至他自己在本书前言中都说过，他主要的目的是展示最现代和最佳的法式烹饪技法的完整和简单的艺术。啊哈！威廉·维瑞尔，你的狐狸尾巴被我们发现了吧？希望你的法国厨艺中不会有耶稣会的阴谋成分……

## /1759 年 /

### 爱音乐，也爱美食第一部分：亨德尔吃两份

德国和英国作曲家乔治·弗里德里克·亨德尔（George Frideric Handel）于这一年的 4 月 14 日去世。如果你相信 18 世纪音乐史学家查尔斯·伯尼（Charles Burney）所讲的一个故事的话，那么亨德尔可以算是一位食量很大的人。据说有天晚上，亨德尔从本地一家酒馆订了两份晚餐，并请求房东饭菜一到就送上来。房东问他是否今晚有访客来，亨德尔回答说："我就是我的客人。"

## /1762 年 /

### 谁发明了三明治?

第四代三明治伯爵、政治家及艺术赞助人约翰·孟塔古，总

是舍不得离开牌桌去吃饭，于是就让他的仆人把一片冷牛肉夹在两片面包中间——这样就创造出我们今天所见到的三明治。这个故事也广为流传，但是按照今天的标准，三明治伯爵的赌瘾算不上严重，实际上按照他的传记作者 N.A.M. 罗杰（Rodger）的说法，三明治伯爵是个大忙人，他发明三明治是为了送到他办公桌上去吃。

事实上，三明治伯爵发明三明治并非首创。早在 14 年前，名妓范妮·穆雷——三明治伯爵就是她的常客——由于在为理查德·阿特金斯（Richard Atkins）爵士提供了顶级服务之后只收到了一张 20 英镑的钞票，为了表示极度不屑，她把这张钞票"拍"进两片面包和黄油一起吃掉了。（顺便说一下，大法官哈德威克（Lord Chancellor Hardwicke）声称曾在三明治伯爵的兄弟威廉·孟塔古的收藏中看到过一幅肖像画，画中是范妮·穆雷和另一位名妓凯蒂·费舍尔，两者都是裸体。）


## /1764 年 /

### 迷迭香[1]与死者

法国博物学家雅克 - 克里斯托夫·维蒙特·德·博马尔（Jacques-Christophe Valmont de Bomare）在《世界自然史全集》（*Dictionnaire raisonné universel d'histoire naturelle*）中描述了这样的情景，在打开下葬数年后的棺材时，死者手里的迷迭香茂盛生长，覆盖了尸体。不过他没有为我们提及在这种环境下生长的迷迭香有什么独特的烹饪作用。

---

1 灌木，可用作香料。

# / 约 1765 年 /

### 第一家餐厅

法语单词餐厅（restaurant，字面意思是"恢复"）自从 15 世纪以来一直指任何能够恢复健康和活力的食物、饮料或药品——特别是能够进补的肉汤，但是并不指代提供食物的机构，直到有一位售卖肉汤的布朗热（Boulanger）先生，在他位于巴黎的店面外张贴起一块招牌，上面写有一句古老的拉丁文口号："进来吧，带上你的辘辘饥肠，我会让你恢复元气"（Venite ad me, vos qui stomacho laboratis, et ego restauraho vos）。

# /1769 年 /

### 生虫的饼干

在这一年 9 月，库克船长第一次南大洋远航的首席博物学家约瑟夫·班克斯（Joseph Banks），在他的日记里记录了在船上的饼干中所发现的"害虫（即象鼻虫）的数量"，这种饼干又称压缩饼干，是当时海员的主食：

我经常看到一块饼干上摇下来数百只，不，简直是上千只虫子。不过我们在（军官）客舱中还有一种简单的解决方法，就是在烤炉里烤一下，不用太热，它们就爬走了。

班克斯描述象鼻虫的味道"像芥末或是氨水一样强烈"。

压缩饼干——当时也作为军队在地面战争中的主食——是一种基本的口粮，由面粉和水混合成面团，并烘烤两次。比较奢侈的版本中会加入盐。其别名有狗饼干、牙疼者、臼齿破坏者、铁片以及虫子的城堡。要远程航行的话，饼干要在启航六个月前烤四次，这样只要保持干燥，其几乎能够无限制地保存——除非被象鼻虫全部吃光。在美国内战期间，士兵们会把他们的饼干浸泡在咖啡中，以使其软化，这样一个额外的好处就是象鼻虫幼虫会浮上水面，可以全部撇去。

### 伊壁鸠鲁猪圈里最肥的猪

杰出的苏格兰哲学家大卫·休谟（David Hume）也是烹饪艺术的狂热爱好者，他在 1769 年 10 月给吉尔伯特·埃利奥特（Gilbert Elliot）爵士的一封信中公开承认了这一弱点：

我打算将余生奉献于烹饪的科学……在烹调牛肉和卷心菜（这道迷人的菜）、老羊肉、老波尔多红葡萄酒方面，没有人能超过我。

休谟的体型和他对美食的嗜好，促使威廉·梅森（William Mason）在"致威廉·钱伯斯（William Chambers）爵士的一封英勇的书信"中，把他描述为"伊壁鸠鲁猪圈里最肥的猪"。同时曾在 1748 年在意大利遇到过休谟的夏尔蒙特勋爵（Lord Charlemont），也将这位伟大的哲学家形容为"吃海龟的高级市政官"。

### 为大斋节做豌豆汤

1769 年，彼得·沃伯顿爵士与伊丽莎白夫人的前任管家伊丽莎白·拉福德出版了《经验丰富的英国管家》（*The Experienced English Housekeeper*），"书中包括近 800 份原创菜谱，其中大多数从来没有在出版物中出现过"。下面是她的大斋节的豌豆汤菜谱：

将 3 品脱煮熟的兰花豆放入 5 夸脱冷的软水中，3 条鳗鱼、3

条红鲱鱼以及两个大洋葱，两端各插入一枝丁香、一根胡萝卜和一条欧防风，都与一捆甜香草一起切成片。

把上述材料一起煮，直到汤变浓稠。

用一个滤器过滤汤汁，然后加入芹菜白色的头的切片、一大块黄油、一点儿胡椒和盐，一片烤熟涂好黄油的面包切成小块，铺在盘子里，把汤浇在上面。如果喜欢的话，可以加入一点儿薄荷干。

拉福德夫人的书非常成功，她把书的版权卖出了当时十分可观的 1400 英镑。

# /1771 年 /

### 伦敦面包：害人的面团

在托比亚斯·斯摩莱特（Tobias Smollett）的小说《汉弗莱·克林克历险记》（*The Expedition of Humphy Clinker*）中，一位人物抱怨道：

我在伦敦吃到的面包是害人的面团，其中混入了白垩、明矾和骨灰，淡而无味，损害健康。善良的人们对此并不是一无所知，可是他们却爱吃这个，甚于健康的面包，因为这比全谷物（全麦的）面包要白。因此他们牺牲了口味和健康……只是因为荒谬的错误判断，那些磨坊主和面包店老板为了靠自己的职业维生而毒害他人和他人的家庭，是有责任的。

### 法国美食第一部分：一堆花哨菜肴

在同一部小说中，斯摩莱特指责法国食物不但不健康，而且缺乏男子汉气概：

至于餐食，则是一位法国厨师搞出来的一堆花哨菜肴，没有一种符合英国人口味的实在的食品：浓汤比在温热的洗碗水里泡的面包强不了多少；蔬菜炖肉看上去好像是曾被人吃下肚去，已经消化了一半一样；油焖原汁肉块里面好像有一种恶心的黄色膏药；烤肉焦煳，散发着臭味，多亏了高汤的参与；甜点里面是憔悴的水果和冰渣子，贴切地反映了我们女房东的性格；佐餐啤酒是酸的，水是臭的，葡萄酒是寡淡的。

## 令人敬佩的汤普森

库克船长在本年完成了首次南大洋航行，这次航行总共用了三年时间。远征对于厨师约翰·汤普森（John Thompson）的聪明才智提出了许多挑战，他不得不想出料理一些不寻常食材的方法，如狗肉、鸬鹚和企鹅。库克形容说，企鹅的肉"令人想起公牛的肝"。（顺便说一句，斯科特（Scott）船长在踏上前往南极点的不归旅途之前吃的最后的圣诞节晚餐上，也享用了企鹅肉："主菜是红醋栗果酱炖企鹅胸肉——这道菜颇能满足美食家的要求，与煨兔肉有些相似"。）

对于汤普森烹制信天翁的方法，远征队的博物学家约瑟夫·班克斯做了如下记录：

处理它们的方法是这样的：在前一晚先剥掉皮，把身体浸泡在盐水中直到清晨，用水氽一下，再把水倒掉，然后用很少的水炖，煮烂后就与咸味酱汁一起上桌。

结果显然很好，因为"人人都赞不绝口，而且尽情大吃，尽管桌上还有新鲜猪肉"。

## /1773 年 /

### 黄瓜无用论

10 月 5 日，约翰逊博士宣布："英国的医生们都说，黄瓜应该切成薄片，用辣椒和醋调味，然后扔出去，因为毫无任何好处。"并不是每个人都同意这一观点，有一首 19 世纪的匿名打油诗为证：

我爱我的小黄瓜
又长又硬又笔直。
伤心啊我的小黄瓜，
我们不能生养啊。

## /1775 年 /

### 壮游的风险

在意大利费拉拉附近的一个村庄，米勒夫人被端上来的晚饭吓坏了：

一份猪肉汤里还有炖猪肉，实际上是一只猪头，睫毛、眼睛和鼻子都在，这可怜的动物去世之前吃的最后的食物还粘在牙齿上。

汤自然是原封未动地撤走了，换上来一盘水煮麻雀。"不用说，"夫人总结道，"我们饿着肚子上床睡去了。"她绝不是唯一一个在环游欧洲的壮游中被意大利农家菜惊吓到的英国人。还有的人抱怨说见到了"芥末拌乌鸦胗"或是"鸡蛋、青蛙与劣酒"，还有一位不幸的人不得不喝下掺水的葡萄酒，其中还有许多蝌蚪——这种情况必须用胆识和智慧来应对："这时我把水壶抵住嘴唇，用一把餐刀当作水坝，防止青蛙的幼虫滑到我喉咙里去。"

## /1779 年/

### 皇室餐桌礼仪

爱尔兰著名男高音歌唱家迈克尔·凯利（Michael Kelly）在回忆录（*Reminiscences*，1826 年）里回忆其此年在那不勒斯的情形。他当时在圣玛丽亚迪洛雷托音乐学院（Conservatorio Santa Maria di Loreto）学习，英国大使威廉·汉密尔顿（William Hamilton）爵士是他的保护人，将他引荐到国王费迪南多四世（Ferdinand Ⅳ）面前演唱。宾主双方坐下来用餐时，凯利惊讶地看到国王是如何对付一碗意大利面的：

> 他用手指去抓面条，朝各个方向又拉又拽，贪婪地塞进嘴里，大方地忽略了刀、叉和汤匙的使用，实际上除了大自然慈祥地赐予他的工具之外，什么都不使用。

费迪南多确有行事粗鲁的名声，他踢朝臣们的屁股、在公共场合摸他的王后（玛丽·安托瓦内特（Marie Antoinette）的姐妹），有一次还在裤子褪到脚踝的情况下追逐他四散奔逃的仆人，手里拿着便壶，命令他们检查他其中的内容。

## /约 1780 年/

### 蹩脚双关语

詹姆斯·博斯韦尔（James Boswell）是约翰逊博士的传记作

者，博斯韦尔和他的两个密友热衷于在喝茶时玩一些糟糕的文字游戏——就像擅长讲故事的小说家亨利·麦肯齐（Henry Mackenzie，1745—1831年）在这里所讲述的：

> 非常爱用双关语的凯利勋爵和他的兄弟安德鲁正在陪詹姆斯·博斯韦尔喝茶。博斯韦尔把他的杯子放到头上："敬你一杯（t'ye，与茶谐音），我的老爷。"——这时，凯利勋爵咳嗽了一声。——"你咳嗽（coughie，与咖啡谐音）了"他的兄弟说——"是的，"凯利勋爵回答说，"我待会儿就穿披风（choak o' late，与巧克力谐音）。"

# /1781年/

### 生猪肉幻想

亨利·菲斯利（Henry Fuseli）创作了《梦魇》（*The Nightmare*），一幅充满了阴暗的浪漫想象的幻想性画作。据传菲斯利是在吃了生猪肉之后做了噩梦，他是根据自己梦中所见构思出这幅作品的——传统认为吃生猪肉会导致幻觉。拜伦（Byron）勋爵就曾运用这一说法来驳斥济慈（Keats）的诗只是"生猪肉和鸦片所产生的杂乱无章的幻象"。

### 吃芦笋的不良后果

本杰明·富兰克林（Benjamin Franklin）假装写了封信给"皇家放屁学院"，他在信中提出了吃芦笋的一个众所周知的副作用的解决办法：

> 吃上几根芦笋，就会给我们的尿液染上难闻的气味；而一粒

不大于豌豆的松节油丸，就能赋予其紫罗兰般的芬芳气味。

相同的建议也出现在意大利烹饪的圣经——佩莱格里诺·阿尔图西（Pellegrino Artusi）所著的《厨房中的科学与美食的艺术》（*Science in the Kitchen and the Art of Eating Well*，1891 年）一书中，建议正是在你的便壶里滴几滴松节油。大约 50% 的人在吃了芦笋之后，尿液会有一种不同寻常的气味。这是这种蔬菜中的芦笋酸经过代谢形成了多种含硫化合物所造成的后果。

# /1782 年/

## 美利坚沙拉众国

根据国会法案，"合众为一"（拉丁文为 *Epluribus unum*）被选定为新生的美国国徽上的格言。这句格言来自一首据说是维吉尔（Virgil，公元前 70—前 19 年）所作的拉丁语诗作《沙拉》（*Moretum*）中的一句：

It manus in gyrum; paullatim singula vires

Deperdunt proprias; color est e pluribus unus.

在约翰·奥古斯丁·威尔斯塔奇（John Augustine Wilstach）1884 年的译本中，这句诗翻译成：

*在搅动的手周围旋转；渐渐失去*

*各自单独的力量，而最终汇集*

*各种颜色混为一色。*

Moretum 的含义是"园中香草"，这首诗描写的是用大蒜、西芹、芸香和洋葱制作沙拉，以奶酪、盐、香菜和醋调味，最后洒上油。

## "无与伦比的"吐司

在《一个日耳曼人 1782 年的英格兰之旅》（*Journeys of a German in England in the Year 1782*）中，日耳曼作家卡尔·菲利普·莫里茨（Karl Philipp Moritz）盛赞英格兰的一种食物：

> 与茶一起提供的面包和黄油就像罂粟叶一样薄，但是有一种在炉火前面烤涂了黄油的面包片的方法真是无与伦比。一片又一片面包被用叉子叉到火上，烤到黄油融化，然后在上面盖上另一片面包，这样黄油就能渗透到所有的面包片。这就叫"吐司"。

烤吐司片作为一种使不新鲜的面包更美味的加工方式实际上并不是英格兰人发明的，而是源自古罗马，这个词也是来自拉丁文里的"烤面包"（tostare）。至于英语 toast 一词的另一个意思，即一个人向另一个人举起酒杯敬酒，也是源自同一个词源。当这个词最初在 15 世纪进入英语时，它的意思是把一片面包在火上烤糊，然后放入葡萄酒或麦芽啤酒中（可能是为了改善口味）——正如《温莎的风流娘儿们》（*The Merry Wives of Windsor*，第 3 幕第 5 场）里的法斯塔夫（Falstaff）所说的："去给我取一夸脱酒；在里面加块烤吐司。"而 toast 作为"受敬仰者"的意思，则是来自接受众人敬酒的人这个意思的比喻转移：受敬仰的女士为敬酒者的杯中之酒增添香味，正如烤面包片在酒中起到的作用一样。

那么，他问，你为什么把活人叫做烤吐司？

我回答，这是智者的新发明，因为一位受敬仰的女士给人留下的印象，就像一片琉璃苣在酒杯中的作用一样。

——理查德·斯蒂尔（Richard Steele），

发表于《闲谈者》（*The Tatler*），第 31 卷，1709 年

# /1784 年 /

### 烫手的土豆

塞缪尔·约翰逊博士于本年去世。有一个可能是杜撰的故事，说约翰逊在一次用餐时，把一只烫的土豆吐了出来，使同桌的人都吃了一惊。约翰逊转向受惊的女主人，解释道："夫人，傻瓜才会咽下去呢。"

约翰逊对饮食非常认真，正如博斯韦尔在这位伟人的传记中所记录的：

有些人不在意或是假装不在意自己吃的东西，这是愚蠢的。对我来说，我就很仔细地关注自己的果腹之物；因为我认为连自己吃下肚的东西都不在意的人，很难真正重视任何事物。

在另一个场合约翰逊曾吹嘘道："我能写一本前无古人的烹饪书。"不过他从来没有实现过。

### 盲人咖啡馆

巴黎的"皇宫"（Palais Royal）在翻新后重新开业，成为一个囊括商店、咖啡馆、酒吧以及观看杂耍等娱乐节目场所的综合体。其中最为声名狼藉的机构之一就是盲人咖啡馆（Café des Aveugles），它有二十个包间，客人可以在里面为所欲为，而无须担心咖啡馆里的音乐家会看到什么——因为咖啡馆的小乐队，所有的成员都是盲人。

1805 年，野蛮人地窖（Le Caveau du Sauvage）再次为这个综合体增添了人气，这个场所由一个曾做过罗伯斯庇尔（Robespierre）的车夫的人经营，在那里客人只要花上两个索尔金币（sol），就能观赏"野蛮人交媾"。"皇宫"里另一个必去的场所是机械咖啡馆（Café Mécanique），在那里，客人通过连接厨房的传声筒来点菜，而食物则是直接传送到每个桌子中央的。

# /1785 年 /

### 这对苏格兰不公平

格罗斯（Grose）上尉的《经典俗语辞典》（*Classical Dictionary of the Vulgar Tongue*）中记录有一种令人生畏的饮料叫做"苏格兰巧克力"，根据作者的说法，其中包括"硫黄和牛奶"。在几十年后的维多利亚时代，水手们喝一种叫"苏格兰咖啡"的东西，据说含有烧焦的饼干和热水。这两种说法似乎都是在讽刺苏格兰人传说中的吝啬。在接下来的一个世纪里，又出现了一种与苏格兰人有关的更加令人反感的饮料，就是所谓的"楼梯仙蒂酒（shandy）"。它曾流行于格拉斯哥（Glasgow）的贫民窟，是在一品脱牛奶中充入煤气，以使人产生麻醉效果的饮料。

# /1787 年 /

### 登峰造极的浓缩

法国贵族苏比斯亲王查理（Charles, Prince de Soubise）死于这一年。他曾雇用一位相信酱料必须用最佳的肉类浓缩到最大程度的主厨，因此他向亲王索要五十条火腿。

"五十条火腿，先生？为什么，这会让我破产的！"亲王争辩道。

"啊，阁下，"大厨回答说，"但是如果给我这些火腿的话，我就能把它们浓缩到只有我的拇指这么大的小瓶子里面，做出一种十分奇妙的东西！"

大厨最后还是如愿以偿了。

## 哈吉斯（Haggis）颂

罗伯特·彭斯（Robert Burns）发表了他赞美苏格兰国菜的著名诗作：

你这真诚的，脸庞红润的美食，

啊布丁一族的伟大首领！

其实哈吉斯这道菜——把切碎的羊内脏、燕麦片、板油、调料和洋葱末包裹在羊肚中煮熟——并不是苏格兰独有的。直到1700年左右，英格兰人都吃它；而更重要的是，现存最早的菜谱出现在兰开夏郡（Lancashire）的一份15世纪的手写本中，最早的印刷版菜谱则来自杰维斯·马克汉姆（Gervase Markham）的《英格兰家庭主妇》（*The English Huswife*，1615年）中。不过最经典的菜谱则由梅格·道茨(Meg Dods)于1826年写出(见原文204页)。涉及哈吉斯的比较晚近的菜肴包括"苏格兰飞人"（鸡胸肉中填入哈吉斯）和"鸡肉巴尔莫勒尔"（类似于苏格兰飞人，不过在外面包一片培根）。在格拉斯哥的某些印度餐馆的菜单上有哈吉斯巴吉，而在爱丁堡（Edinburgh）可以买到哈吉斯口味的巧克力太妃糖。1989年到2010年间，美国禁止进口哈吉斯，因为担忧其可能携带羊瘙痒症，也就是疯牛病在绵羊身上的版本。

## 小蠕虫

在这年11月27日致赫斯基（Hesketh）夫人的一封信中，诗人威廉·古柏（William Cowper）描述了下面的事情：

有个穷人在大堂里乞讨食物。厨师给了他一点儿意大利细面条汤。他用勺子在汤里搅了搅，就又还给了她，说："我是个穷人没错，我也确实很饿，但是也不能吃有蛆的汤呀。"

这个穷人说对了一点：意大利细面条这个词 vermicelli，意思就是用来煮汤的很细的面条，其在意大利语中的字面意思就是"小蠕虫"。

### 鸵鸟的胃

在西班牙和葡萄牙旅行期间，威廉·贝克福德（William Beckford）在日记中写道：

葡萄牙人一定有着鸵鸟一样的胃，才能消化他们塞进自己肚子里的这么多油腻食物。他们的蔬菜、米饭和禽肉都用火腿油来炖，而且用胡椒和香料调味得如此浓烈，以至于一勺豌豆或是四分之一个洋葱就足以让你的嘴巴着火。饮食习惯如此，还不停地吞下甜食，我丝毫都不奇怪他们始终在抱怨头疼和忧郁。

# /1788 年 /

### 登比戴尔（Denby Dale）的庞然大派

约克郡登比戴尔的白鹿饭馆烤制了一个巨大的野味派，以庆祝国王乔治三世恢复理智（不过后来事实证明这只是暂时的）。这个派是一种所谓的"站立派"，也就是其外壳能够支撑自己，不需要装在盘子里，村民们在饭馆后面的田野里把它吃掉了。

从此以后，村民们制作了一些更大的派，来庆贺一些特殊时刻。

1815 年的派用来祝贺惠灵顿（Wellington）取得滑铁卢战役的胜利。参加了战役的本地人乔治·威尔比（George Wilby）出席了庆典。派是在磨坊里烤制的，有可能用了几只鸡和数头羊。威尔比荣幸地用自己的剑切开了派。

1846 年的派庆祝的是《谷物法》的废除，这项法律禁止进口廉价的外国谷物，使得面包价格高涨，导致了"饥饿 40 年代"时期遍及全国的困难。1846 年的派直径有 7 英尺 10 英寸，大约 2 英尺高，其中包含 100 磅牛肉，1 头牛犊，5 只羊，21 只家兔和野兔，以及 89 只不同种类的野鸟和家禽。这只派花了十个半小时才烤熟，而且由于太重，把放置它的台子压得粉碎。而 1 万 5 千人已经饿得发疯了，他们一拥而上，尽力抓取，结果是整只派都被踩得稀烂。有人说台子的垮塌是支持《谷物法》的托利党人阴谋策划的，抑或是竞争对手村庄西克莱顿（Clayton West，他们刚刚烤制了一只巨大的李子派），还有说由于演说过于冗长，两个决定给仪式增加点趣味的当地小伙子撞倒了台子的支撑——其结果是演讲者，某位欣奇克利夫（Hinchcliffe）先生，落进了派里面。

1887 年的派是为了庆祝维多利亚女王登基 50 周年金禧。为了避免 1846 年的惨祸，一个组织委员会安排了哈德斯菲尔德（Huddersfield）一家专业制造煤气容器的公司,用钢铁来打造装派的盘子。在白鹿饭馆后面设立了一座专用的烤炉，隔壁是一台巨大的锅炉，专门用来炖肉：1581 磅牛肉、163 磅牛犊肉、180 磅羊羔肉、180 磅羊肉、250 磅猪肉、67 只家兔和野兔，以及 153 只野鸟和家禽——更不用提 588 磅土豆了。肉要分批放进锅炉里煮，然后一点儿一点儿加到派里——这个过程非常慢——而野鸟则是生的加入的，因为觉得它在烤炉里能烤熟。最后的结果是，当派终于在庞大的人群面前被切开时，空气中弥漫着腐肉令人作呕的恶臭。第二天，派被拖到托比森林，撒上生石灰掩埋掉了，还有一首诗予以哀悼：

纵然消失在眼前，依然思念，

亲爱的，你的余味宛在；

你的生命短暂，刹那衰败，

只好速速掩埋。

为了恢复村庄的荣誉，登比戴尔的女士们迅速着手做了一个替代的"复活派"，其中包含 1 头小母牛、2 头牛犊、2 只羊、1344 磅土豆——这次一只野鸟也没有。

1896 年的馅饼用于纪念废除《谷物法》50 周年。这次的派仍然不用野鸟，并在公开之前先经过一位卫生部门的医学官员鉴定适于食用。而且舞台也特别加固了，并且立起围栏以防止人潮冲击。

1928 年的派是对（第一次）世界大战胜利的一个姗姗来迟的纪念。这次村民们决心要做一个世界上最大的派出来。它是长方形的，长 16 英尺，宽 5 英尺，厚 15 英寸，其中包裹 4 头公牛和 15 英担[1] 土豆，花了 30 个小时才制成。唯一的插曲是它被卡在烤炉里出不来，只好拆除了一部分炉壁才取出来。

1964 年的派是恭喜皇室诞生的四个婴儿（爱德华（Edward）王子，海伦·温莎（Helen Windsor）小姐，莎拉·阿姆斯特朗·琼斯（Sarah Armstrong Jones）小姐以及詹姆士·奥格威（James Ogilvy））。这只派更加巨大——长 18 英尺，宽 6 英尺，厚 18 英寸，重达 6.5 吨——其配方是由一个专家组研究制定的，克莱门特·弗洛伊德也在其中。这只派一共卖出 3 万份，并在一个小时内全部被吃完。

1988 年的派纪念的是第一只派制成两百周年。这又是一只刷新纪录的派：长 20 英尺，宽 7 英尺，厚 18 英寸，其馅料这次以公制计量——3000 千克牛肉，同样重量的土豆，以及 750 千克的洋葱。

---

1  1 英担 =50.802 千克。

环境卫生法规要求在分食之前围绕村庄的游行过程中，派必须保持足够的温度，这通过把热水泵到盘子周围来实现。大约10万名游客在派纪念日这天到访，在活动中筹集了8000英镑，以购买威瑟森林（WitherWood），并交给林地信托（Woodland Trust）管理。

2000年的派是千年派。这只12吨重的怪物再次打破了所有纪录，尺寸为40英尺长，8英尺宽，44英寸厚。一家罗瑟勒姆（Rotherham）的金属板公司和哈德斯菲尔德（Huddersfield）大学工程学院都参与了这项工程。除了通常的巨量牛肉、土豆和洋葱之外，派里还有数加仑啤酒，韦克菲尔德（Wakefield）主教也为其祝福。

# /1789 年 /

## 杰斐逊的另一项功绩

时任美国驻巴黎全权公使的托马斯·杰斐逊（Thomas Jefferson）请求一位访问那不勒斯的年轻朋友帮他带回一台通心粉面条机。这位年轻的朋友圆满地完成了任务，因而在同年9月杰斐逊回家时候，这台机器就成了美国第一台同类的机器。不过不知道杰斐逊有没有听从巴黎面食制造商保罗-雅克·马洛英（Paul-Jacques Malouin）1767年的建议，后者说通心粉面条机最好的润滑剂就是一点儿油混合着煮熟的牛脑。

# /1790 年 /

## 象掌的无上美味

在弗朗索瓦·勒威能（François LeVaillant）的《从好望角深

入非洲之旅》（*Travels from the Cape of Good Hope into the Interior Parts of Africa*）中，他讲述了与一群霍屯督人一起吃烤大象脚当早餐的情形，给我们留下了如下的赞美之词：

它散发出如此诱人的香气，我马上就开始尝试，发现果然美味可口。我常听人说熊掌值得一试，但却从来不曾想象用大象这样粗重的动物也能做成如此精美的食物。"永远没有可能，"我说，"像我们这样的现代美食家的餐桌上会出现这样的美味；有人能够通过强力迫使各个国家为他们提供奢侈品，但他们也买不到我现在所面对的如此佳肴美馐。"

与此相反的是，两个世纪后，劳伦斯·范·德·珀斯特（Laurens van der Post）在《首先你得抓住一只大羚羊：尝尝非洲的味道》（*First Catch Your Eland: A Taste of Africa*，1977 年）中，声称大象肉"口感太过粗糙，不可能真正好吃"。不过他写道，在非洲大陆上的某些地方，英国的地区专员们会在星期天吃一道大象头和脚上的肉。另一方面，他认为长颈鹿"可能是非洲最古老、最受原始人追捧的美味"。对于长颈鹿，C. 路易斯·莱波尔特（C. Louis Leipoldt）在《莱波尔特的海角烹调》（*Leipoldts Cape Cookery*，1976 年）中补充说"长而多汁的舌头，如果制作得当的话，就不仅是可以吃，而且还相当可口"。当然，有必要指出长颈鹿在大部分的栖息地都是受保护动物。莱波尔特还推荐了狮子肉（显然可以与鹿肉相提并论），特别是在葡萄酒和醋中腌制后油炸的狮子肉排。

## /1794 年/

### 守财奴的饮食

丹尼尔·丹瑟尔（Daniel Dancer），著名的守财奴，死于本年

9月30日。虽然年收入达到3000英镑，丹瑟尔日常的穿着简直就是成捆的干草。他倒也每年挥霍一次，买一件衬衫——有一次他还和衬衫供应商为了这样一笔交易闹上了法庭，声称被诈骗了一个三便士的硬币。丹瑟尔一天只吃一顿饭，这顿饭有一些烤肉和一份煮硬的饺子。他唯一的朋友坦贝斯特（Tempest）夫人（他把自己的遗产留给了她）有一次给他两条鳟鱼，但是丹瑟尔不想花费生火的费用，就坐在鱼身上，试图加热它们。

## /1799 年/

**英国食品第二部分：只有一种酱汁**

那不勒斯外交官弗朗西斯科·卡拉乔洛（Francesco Caracciolo）死于这一年。他曾有一句名言："英格兰有六十种不同的宗教，但是只有一种酱汁。"

# 19世纪

# /1800 年 /

## 干邑大战威士忌

下面的故事是约翰·威尔逊（John Wilsone）讲述的，他是 19 世纪初格拉斯哥的牛排俱乐部（Beefsteak Club）主席，在那个时代，英国的保守派人士无不憎恶源自大革命法国的民主思潮：

有一次，在俱乐部的一次会议上，威尔逊先生发现有一位会员一口喝干了一杯威士忌，随后马上又干掉一杯白兰地。机智的主席立刻大声说："天呐，先生！你在做什么？你玷污了自己和俱乐部的名誉，你把一个没用的法国佬放在一位坚定的苏格兰高地人头上了。"这位鼻子发红的肇事者马上站起身来又灌下一杯 Ferintosh 牌威士忌，然后把手按在胸口，说："千万不要把我当成民主分子，先生，现在我已经两面夹击了法国佬！"

"散文作者"，《1787 年琼斯的目录》
（*Jones's Directory for the Year 1787*）1887 年重印本

## 马伦哥炖鸡

1800 年 6 月 14 日，拿破仑·波拿巴在皮埃蒙特（Piedmont）

的马伦哥（Marengo）小村庄附近取得了一场决定性的胜利，将奥地利人赶出了意大利。战斗过后，饥肠辘辘的拿破仑请他的主厨杜兰德（Durand）给他做些吃的来。仓促的搜寻只有不多的收获，于是杜兰德想出了下面的菜谱：

取一只干瘦的本地土鸡，用佩剑切碎，用橄榄油（因为没有黄油）炸至每一面都呈棕色。

加入大蒜、切成大块的番茄和水，在上面放一只小龙虾蒸着。

把所有材料一起小火煨，直到肉变嫩。

从拿破仑自己的酒瓶中倒入少许干邑白兰地。

与煎蛋和大量煎过的军粮面包一起上桌，面包越不新鲜越好。

拿破仑吃得赞不绝口，从此以后就一再地要求主厨制作现在叫"马伦哥炖鸡"的这道菜。

故事是这么说，不过有些专家指出这道菜实际上是在这场战役发生的数年之后，在一家巴黎的饭店里发明出来的。此外，一些食物史学家质疑，在那个时代，意大利北部是否这么容易找到番茄。今天，马伦哥炖鸡通常还包含干白葡萄酒、蘑菇和西芹，而小龙虾、干邑白兰地和鸡蛋则通常省略。

## /1808 年 /

### 教会法国人吃饭的排场

这年，由于衣着华丽出名而人称"钻石亲王"的亚历山大·鲍里索维奇·库拉金亲王（Alexander Borisovich Kurakin）成为俄罗斯驻巴黎大使。据说把"俄式服务"（service àla russe）——在一场盛大的宴会上，每一道菜是依次端到餐桌上的——引进法国的正是库拉金。而在与之相反的"法式服务"（service à la française）中，所有的菜是一次上齐，而且宾客都是自己动手取菜。

### 红酒有益健康

威廉·希基（William Hickey）此年开始动笔撰写他著名的《回忆录》（*Memoirs*）（但是直到一个世纪之后才出版）。希基回忆了东印度公司一位法官约翰·罗伊兹（John Royds）爵士的许多事迹，其中之一是"感激波尔多红酒的神奇疗效：在他重病的最后一周，他们每 24 小时给他灌下 3~4 瓶这种滋补饮料，发生了不同寻常的效果"。

## /1810 年 /

### 第一家咖喱屋

印度外科医生、旅行家和企业家赛克·迪恩·穆罕默德（Sake Dean Mahomed）在伦敦的乔治街开办了英国第一家咖喱屋，名叫印度斯坦人咖啡馆（Hindoostanee Coffee House）。迪恩·穆罕默德在这里向东印度公司的老员工供应"最佳的享乐主义者也认为无与伦比的"菜肴，尽管提供的是 "最高境界的印度菜"，但餐馆还是在一年之内就关门了。1814年，迪恩·穆罕默德和他的爱尔兰妻子简（Jane）一起搬到布赖顿（Brighton），在那里设立了一家健康机构，"以印度药物蒸汽浴（是一种土耳其浴）治疗多种疾病，消除各类机能失调，特别是风湿病和麻痹、痛风、关节僵硬、陈旧性扭伤、跛足、疼痛以及关节痛"。这个新机构获得了巨大的成功，其中还产生了洗发水和按摩推拿这两大新发明，而其业主也成了"布赖顿博士"。

英国现存最古老的咖喱屋是位于伦敦摄政街（Regent Street）的Veeraswamy，创办于1926年。最初的业主是爱德华·帕尔默（Edward Palmer），一位英国军人与一位印度公主的曾孙。其客户包括温斯顿·丘吉尔（Winston Churchill）、瑞典国王古斯塔夫六世（Gustav Ⅵ）、贾瓦哈拉尔·尼赫鲁（Jawaharlal Nehru）、英迪拉·甘地（Indira Gandhi）以及查理·卓别林（Charlie Chaplin）。

# /1811 年/

### 彗星年份酒

弗洛热尔格（Flaugergues）彗星，又称1811年大彗星，在本年出现，也标志着第一种所谓的"彗星年份酒"——出现彗星的年份正逢葡萄酒质量特别上乘的年份——的出现。其他的彗星年份酒还包括1826年、1839年、1845年、1852年、1858年、1861年、1985年以及1989年，尽管有怀疑论者指出，也有许多并没有彗星的年份，葡萄酒品质仍然很好。还有人会指出，虽然哈雷彗星在1985年底的亮相与当年葡萄酒品质上乘同时发生，但是其1910年出现时葡萄酒却没有突出表现——例如，在香槟省，几乎整年的葡萄收成都被冰雹和洪水毁灭了。

对于在所有彗星年份酒中最著名的 1811 年，这颗彗星首先被奥诺雷·德·弗洛热尔格（Honoré de Flaugergues）于 3 月发现，随后在葡萄生长期间都是肉眼可见的，这被认为是个完美的条件——尤其是在 19 世纪初年发生的一系列糟糕年份之后。在香槟省，凯歌（Veuve Cliquot）家族于 1811 年发明了现代香槟酿造法（méthode champenoise），这种方法筛除了酒中的沉渣的同时，保留了形成气泡的二氧化碳。1811 年份的(葡萄牙)波尔图葡萄酒(port)也异常出色，正如乔治·波罗（George Borrow）在《吉卜赛黑麦》（*The Romany Rye*，1857 年）中所记录的：

于是他按铃要来了两个新的酒杯，然后走出去，不久之后就取来一个一品脱的小瓶子，用手打开了瓶塞；随后坐下说："我拿的这瓶酒是 1811 年的波尔图，彗星之年的，世上最佳年份酒。我们前面喝的酒，"他又说，"已经是好酒了，但是不能与这瓶相提并论，这种酒我要永远珍藏，绝不出售。你只要喝一口，就会明白你已经欠了我的人情了。"随后他斟满了酒杯，一股芳香充满了整个房间……

不过最著名的 1811 年年份酒还是要数滴金庄园（Château d'Yquem）的波尔图白葡萄酒，这瓶酒曾在 1996 年被葡萄酒评论大家罗伯特·派克（Robert Parker）打出了 100 分的满分。虽然大多数白葡萄酒都会在数年之内老化，但是滴金庄园却是一个知名的例外，其适于保存的特性要归功于葡萄天然的酸性以及较高的残糖量。2011 年 7 月 26 日，一瓶 1811 年滴金庄园的白葡萄酒在伦敦拍卖出 75000 英镑——这是一瓶白葡萄酒的历史最高售价。

### 酒中力士

一位知名的酒徒，爱尔兰政治家赫拉克勒斯·朗格力士（Hercules Langrishe）爵士死于这一年。有一天晚上，一位朋友惊讶地发现他显然打算一顿饭喝掉三瓶波尔图酒，就问他有没有人在身旁服侍。"没有，"赫拉克勒斯爵士答道，"把钱省下来再叫一瓶马德拉酒（Madeira）。"

# /1814 年 /

### 快速上菜的要求

奥地利、普鲁士和俄罗斯军队在这年占领了巴黎，迫使拿破仑第一次退位并被暂时放逐到厄尔巴岛。于是巴黎的街道上经常能听到饥饿的联军士兵在食肆中用俄语叫嚷着"快点"（Bystro）。于是就有了一种说法，说这就是法语里"小酒馆"（bistro）一词的来历——不过也有怀疑论者指出，bistro 一词一直到 19 世纪晚期才出现。另一种理论认为，这个词来自 bistrouille，一种咖啡利口酒。

# /1817 年 /

### 妖娆的韦里夫人

这一年新加坡的创建者斯坦福·莱佛士（Stamford Raffles）访问了位于巴黎"皇宫"中炙手可热的韦里（Véry）餐馆，并被韦里夫人迷住了：

一走进房间，首先吸引注意力的是女主人，一位年轻美丽的女子，衣着十分优雅，从容地斜倚在一把高架的椅子上。侍者围绕在她周围，等待接受命令，并向她汇报进展。

据说，韦里先生和夫人得到许可，在他们期望的"皇宫"里开饭店，是因为夫人曾向内政部长保证，"她在选择晚餐伙伴时会优先考虑部长，并且不会忘记在口袋里装上睡帽"。

韦里餐厅还是一个著名故事的发生地，有一位普鲁士将军在战胜拿破仑之后，在那里点了一杯咖啡，要求用"一只没有一个法国佬用过的容器"。于是侍者用一只尿壶给他装咖啡。


# /1818 年 /

### 雪莱为大蒜所震惊

英国诗人珀西·比希·雪莱（Percy Bysshe Shelley）在 12 月 22 日写于那不勒斯的文章中，表达了他对意大利的矛盾心态：

世上有两个意大利……一个是人类所能设想的最崇高、最引人思慕的；另一个则是最堕落、最令人厌恶和令人作呕的。了解这一点的话，你会如何作想：有地位的年轻女性竟然吃——你猜怎么着——大蒜！

大约一个世纪以后，雪莱的同胞希莱尔·贝洛克（Hilaire Belloc）也表达了对于意大利美食某一方面的厌恶之情：

在意大利，游客注意到

极度不堪的山羊肉

出现在饭馆的餐桌上；

而当地人还要糟蹋

用腐臭的油来炸。

# /1819 年 /

## 赞美波尔多干红葡萄酒

诗人约翰·济慈（John Keats）在一封致其兄嫂乔治和乔治娜的信中，写下了如下的溢美之词：

我喜欢红葡萄酒……因为它确实如此优美——它用喷涌而出的鲜美充满你的口腔——而且之后也不会感到它与你的肝脏交战——不，毋宁说它是和平的使者，在你的体内就像在葡萄中一样安静；而且它还像蜂王一样芳香，更加空灵的部分上升到你的脑中，但并不像一个闯入欢场寻找娼妓，在一扇又一扇门里撞击墙板的恶霸那样闯进大脑，而是像阿拉丁在圣地里一样脚步轻柔，你完全觉察不到他的脚步。

# /1820 年 /

## 亲密关系

11 月 20 日埃塞克斯号（Essex）捕鲸船被一头抹香鲸撞击后沉没——这一事件一定程度上启发赫尔曼·梅尔维尔（Herman Melville）写出了史诗性小说《白鲸》（*Moby-Dick*）。埃塞克斯号的船员坐在救生艇中漂流，21 人中只有 8 人幸存。许多年后，幸存者之一，船长乔治·波拉德（George Pollard）遇到一位遇难水手的亲属，并被问及是否熟识遇难者。"认识他？"波拉德咆哮道："该死的，孩子，我吃了他。"

## /1823 年 /

### 不喜欢猪油预示着颓废的开始

在《农舍经济》（*Cottage Economy*）一书中，威廉·科贝特——农村美德的支持者——哀叹英国人对猪油的爱好衰退了：

> 如果农村儿童不像我们喜欢在面包上涂黄油那样喜欢在面包上涂甜猪油，那么他的养育就是糟糕的。我就吃过许多片这样的面包，但是从来不觉得这是贫穷的象征。我曾在法国和佛兰德斯（Flanders）的殷实大农场主家里吃到这种面包做的午餐。如今我已经不再像原来那么饿了；不过我认为用甜猪油代替黄油完全没有困难。但是今天的劳动者，尤其是其中的女性，却已堕落到喜好锦衣玉食；最终的后果就是落得食不果腹，衣不蔽体。

## /1825 年 /

### 享受自己食物的人和不喜欢的人

在去世之前两个月，法国美食家让·安泰尔姆·布里亚-萨瓦兰出版了《味觉生理学》，在书中他做出了著名的宣言："告诉我你吃什么，我就能告诉你你是什么"，以及"一道新菜的发现比一颗新星的发现给予人类更多快乐。"布里亚-萨瓦兰对那些做出最美味的佳肴的人说：

> 那些热衷于享乐主义的人大部分是中等身材。他们面部宽阔，眼睛明亮，额头较小，鼻子较短，嘴唇厚实，下巴较圆。女性身材丰满、圆润、与其说美丽，不如说是妩媚，外形略有微胖的倾向……
>
> 相反地，被大自然剥夺了享用美味能力的人，总是拉长着脸，

拉长着鼻子和眼睛；无论身高高矮，身上总有什么地方是瘦瘦长长的。他们长着深色，细长的头发，总是病怏怏的。正是这样的一个人发明了长裤。

## 长生不老药

布里亚 - 萨瓦兰同样肯定美好食物的健康作用：

一系列严格精确的观测表明，水分充足的、精致的和优质的饮食能够大大延迟外貌的衰老。它使眼睛更加明亮，皮肤更加清新鲜嫩，肌肉更加有力；而在生理学上现在已经确定，正是肌肉的衰退导致了皱纹，这是美容的大敌（或许还要加上"软弱"和"肥胖"）。同样真实的是，一切都是平等的，懂得怎样吃好的人相比那些忽略这门学问的人要年轻十岁。

## 松露与勃起

布里亚 - 萨瓦兰在《味觉生理学》中还讨论了松露的催情作用：

任何念出松露（truffle）这个词的人……都能同时唤起色欲和食欲的梦想，无论是穿裙子的人，还是长胡子的人。

法国早就有一句谚语，说"品德高尚的道路远离松露"。这一谚语或许有些科学基础：松露含有雄烯酮（androstenone），而已经有科学实验证明，把这种激素稀释喷洒到男性和女性身上，两性都有唤起的效果；在男人的腋窝和猪的口水中也发现了雄烯酮。这后一项事实与猪搜寻松露的能力有无关系，目前尚不明了。而非常清楚又引人注目的是，人们愿意为每千克最好的白松露支付超过 1500 英镑，可是没有人愿意花一分钱来买男人腋下的气味，或是猪满嘴的口水。

### 波尔多还是勃艮第?

有一次,曾有一位女士询问布里亚-萨瓦兰,他最喜欢波尔多的葡萄酒,还是勃艮第的。"这个嘛,夫人,"他回答对方,"对于这个问题,我每周都会得出不同的答案,因为非常享受探究的过程。"他还讲述了一位葡萄酒爱好者的故事,有一次他的餐后甜点是葡萄。"非常感谢,"这个人说,"不过我不习惯以药丸的形式服用我的酒。"

# /1826 年 /

### 羊头备受推崇

沃尔特·司各特爵士在他的日记中表示钟情于他的家乡菜:"我想要羊头和威士忌托迪(toddy),拒绝所有的法国菜和全世界的香槟酒。"他如是写道。烫糊的羊头长久以来都在苏格兰被视为美味,受到从弗朗西斯·森皮尔(Francis Sempill)到罗伯特·弗格森的诗人们的推崇。

> 有螃蟹有海螺,
>
> 三文鱼和鱼干都管够,
>
> 烧焦的羊头,还有哈吉斯,
>
> 喝着肉汤直到酒足饭饱。

——弗朗西斯·森皮尔(约 1616—1682 年),《玛姬和乔克的婚礼》

苏格兰不是唯一喜爱吃羊头这道菜的地方:佛罗伦萨曾经有一种叫做 testicciolai 的工作——专业处理羊头的屠夫。

苏格兰哈吉斯

1826 年，爱丁堡记者伊莎贝尔·约翰斯通（Isobel Johnstone）夫人用玛格丽特·道兹（Margaret Dods）的笔名出版了《厨师与家庭主妇手册》（*Cook and Housewife's Manual*）——这是向沃尔特·司各特爵士的小说《圣罗南之泉》（*St Ronan's Well*，1824 年）中，克雷肯酒馆（Cleikum Inn）泼辣的老板娘梅格·道兹这一角色致敬。约翰斯通夫人的建议之一是，鱼肉需要"熟成"两三天——这或许反映了外赫布里底群岛的刘易斯岛（Lewis）上人们的习俗，他们会把未经处理的鳎鱼悬挂两天，然后才用来做菜。

《厨师与家庭主妇手册》是 19 世纪最著名的苏格兰菜谱书，特别是其中的哈吉斯菜谱：

彻底清洗绵羊的内脏（心脏、肝脏、肺脏和气管）。

切开心脏和肝脏，使血液流出，把所有内脏都煮至半熟，把气管搁在锅的边上，使黏液和血液可以从肺中排出；煮几分钟就换一次净水。

在沸水中大约煮半个小时；不过要留下一半的肝脏，一直煮到可以轻易地擦碎；取走心脏、一半肝脏和一部分肺，去除皮肤和呈黑色的部分，一起剁碎。

还要切碎一磅重的上好牛板油和四只洋葱，磨碎剩下的一半肝脏。取一打小洋葱去皮，在滚水中过两次，再与碎肉混合。

在炉火上烤一些燕麦片，烤数个小时，直至呈浅褐色，并完全干透。上述分量的肉需要不足两杯的麦片。

把碎肉铺在一块板上，把麦片轻轻洒在上面，加入大量的胡椒、盐和一点儿红辣椒调味，充分搅拌。

把一只哈吉斯袋清洗干净，并检查有无薄弱点，如果有的话，一旦破裂，你就前功尽弃了。有些厨师就会用两个袋子[1]填入肉和半品脱牛肉高汤，或者同样分量的其他浓汤，这样才能做出浓厚的炖菜。小心不要充填得过满，要留出空间让肉膨胀；加入一只柠檬的汁，或者是一些优质的醋；挤出空气，缝合袋子；当袋子在锅里膨大时，用一根大针戳几下，以免胀裂；如果量多的话，要文火煮上3个小时。

# /1830 年/

## 一种新食物

约翰·赫歇尔（John Herschel）在《关于自然哲学研究的初步讨论》（*A Preliminary Discourse on the Study of Natural Philosophy*）中提倡一种新型食物，"可以近乎消灭饥荒"：

例如，可以设想……木屑本身很容易转换成一种与面包相去不远的物质；或许确实不如面粉可口，不过谁也不能否认在营养水平和易于消化的程度上都不差。

赫歇尔并没有意识到的是，木头含有50%左右的纤维素，是人类无法消化的——大多数动物也做不到，除了白蚁以外。

# /1832 年/

## 萨赫来救场

奥地利政治家梅特涅（Metternich）亲王命令他的厨房工作

---

1 也许是套在一起保险。——译者注

人员为一些特殊的贵宾创造出一种全新的甜点，这使他们陷入慌乱。厨师长病了，不过梅特涅指定一位名叫弗朗兹·萨赫（Franz Sacher）的 16 岁学徒来负责这项任务，指示说："今晚不要给我丢脸！"萨赫用手头仅有的几种原料即兴发挥，大获成功。他做出的甜点是：一种巧克力海绵蛋糕，每层之间夹着杏子酱，顶上和侧面则覆盖黑巧克力，配有打发奶油。我们今天叫做萨赫蛋糕（Sachertorte）的点心就这样诞生了。总之故事是这么说的。事实上，今天的萨赫蛋糕虽然是基于萨赫的配方，不过是由他的长子爱德华予以完善的。

# /1835 年 /

## 煎蛋饼的诞生

1835 年西班牙的卡洛斯党（Carlist）暴动期间，叛军包围了毕尔巴鄂（Bilbao）。在围城期间的一天，卡洛斯党指挥官托马斯·德·祖玛拉加热基·德·伊玛兹（Tomás de Zumalacárregui y de Imaz）将军经过一家农舍，他要求这家的农妇为他做些吃的。农妇手头只有几个鸡蛋、一个土豆和一个洋葱，不过她却迅速地做出了日后成为经典的一道菜：

把土豆切成厚片，并粗粗地剁碎一只洋葱。

取一只大煎锅，加入较多的橄榄油，把油加热，然后用文火煎土豆和洋葱，直至其变软。把油倒出。

打入鸡蛋，将其与土豆和洋葱混合，调味。

用另一只煎锅加热倒出的油，把所有材料倒入，用锅铲把它们摊成饼状。

在将近完成时，把蛋饼滑入一个盘子，再把它翻过来放回锅里。

重复数次，直到完全煎熟。

将军对这道菜非常满意，他命令军队后勤人员把西班牙煎蛋饼（tortilla de patatas）作为士兵们的标准口粮。当然这又是传说。实际上，这道菜最早的记录早在毕尔巴鄂之围的几十年前就出现了。

# /1837 年 /

## 伯德蛋奶粉的孵化

一位名叫阿尔弗雷德·伯德（Alfred Bird）的伯明翰（Birmingham）药剂师喜爱蛋奶冻，但他的妻子对鸡蛋过敏，于是他发明了用玉米粉做的无蛋蛋奶粉，只需要加入牛奶就可食用——这就是伯德蛋奶粉（Bird's Custard），英国最受欢迎品牌的由来。伯德的太太也对酵母过敏——所以他还发明了泡打粉。

# /1838 年 /

## 伍斯特郡酱汁（辣酱油）的起源

伍斯特市（Worcester）的杂货商兼化学家李（Lea）和派林（Perrins）在这一年发布了他们著名的伍斯特郡酱汁（Worcestershire Sauce）。在这个十年的早些时候，曾有一位印度老海员拜访过他们，此人的身份不曾透露，不过他们称之为"本郡的一位贵族"。这位贵族带来了一小片纸，上面写着他最喜爱的印度酱汁的配方，他请李和派林两位先生制作一大批。当酱料生产出来时，他们辣得眼泪都流出来了，不过客户却非常满意。然而他并没有买走他们所生产的所有产品，还留下了几桶在仓库里。若干年后，李和派林在仓库里检查存货时，却发现陈化产生了神奇的效果，他们马上意识到手中握有一棵摇钱树。后来这样的瓶装产品甚至还出口到印度。

## /1839 年 /

### 如何对抗被淹没的感觉

这一年塔维斯托克（Tavistock）伯爵弗朗西斯·拉塞尔（Francis Russell）继承了他父亲的贝德福德（Bedford）公爵爵位。他的妻子安娜·玛丽亚（Anna Maria），娘家姓斯坦霍普（Stanhope），被认为发明了最英国化的一餐："下午茶"。多年以来，早餐与晚餐之间的间隔过长，17世纪出现了一顿简单的餐食"午餐"，以填补空白（参见1652年）。不过到19世纪时，晚餐要到七点以后才会开始，甚至会晚到八点半，这就使得公爵夫人抱怨说，到了下午较晚的时候，会有一种"被淹没的感觉"，为了补救这一点，她命令仆人在下午五点时奉上茶和蛋糕。

虽然下午茶持续吸引着英国人，并在 19 世纪晚期被巴黎的上流社会采纳，可是这一风尚却严重困扰了著名主厨奥古斯特·埃斯科菲耶（Auguste Escoffier），他于 1898 年在巴黎里兹（Ritz）酒店设立了著名的厨房，并于翌年在伦敦的卡尔顿饭店（Carlton Hotel）设立厨房。"一个人吃了果酱、蛋糕和点心之后，还怎么能在一两个小时之后再欣赏晚餐这最重要的一餐呢？"他悲哀地思虑道。"他如何去细细品味食物、厨艺以及美酒呢？"

# / 约 1840 年 /

### 不要用桌布擤鼻涕

一位匿名的礼仪作家建议说："女士们可以用桌布擦嘴唇，但是不要用来擤鼻涕。"

### 豌豆还可以接受

以厌恶蔬菜著称的摄政时期的花花公子布鲁梅尔（Brummell）死于这一年。有一次，当被问及究竟有没有吃过一次素食的时候，他沉思了一会儿，然后回答说："我吃过一次豌豆。"另一次，被问及为什么没有与某一位女士结婚时，他回答："除了与她分手，我还有什么办法呢，我的好伙计？我发现这位玛丽女士真的吃卷心菜！"

### 咖啡过量

康涅狄格州一块墓碑上的墓志铭写着：

如同未成熟的水果被砍下，这里长眠着，
执事阿莫斯·舒特的爱妻。

她死于过量饮用咖啡，

安妮·多米尼，一八四〇年。

### 孟买鸭子

在孟买（Bombay，Mumbai）的英国人很喜欢当地的一种配菜，用一种叫做龙头鱼（bummalo）的小鱼制成，用阿魏（asafoetida）调味，在阳光下晒干，炸酥，再弄碎撒在食物上。看起来孟买的英国人用"鸭子"为其命名是由于这种鱼常在水面附近游动，而"孟买"则是对"bummalo"发音的戏仿。正是由于孟买的英国人如此热衷于这道菜，使得他们自己被称为"鸭子"。

# /1842 年 /

### 宴会的理想人数

在《英格兰的蓝色佳丽》(*The Blue Belles of England*)中，范妮·特罗洛普（Fanny Trollope）说一场宴会的人数"必须不少于美惠三女神，也不能多于九位缪斯女神"。大约一个世纪之后，当富有的企业家和慈善家努巴尔·古尔本基安（Nubar Gulbenkian）被问到一场宴会的最佳人数时，他答道："两人，我自己和一个最棒的侍者领班就够了。"

# /1843 年 /

### 英国食物第三部分：平淡、陈旧而又无益

在小说《汉德利十字》(*Handley Cross*)中，R.S. 瑟蒂斯

（Surtees）对当时典型的英国餐饮场所做出了下面的评价：

再来说说牛排馆或是咖啡餐厅吧！哦，一走到门口就扑面而来的可怕气味！混合着卷心菜、腌三文鱼、煮牛肉、木屑，以及凤尾鱼酱……所有的东西吃起来都平淡、陈旧而又无益。

# /1845 年/

### 可怕的暴行

在著名的《私人家庭的现代烹饪法》中，伊丽莎·阿克顿对于烹饪蔬菜给出了下列令人遗憾的建议：

众所周知，没有完全煮熟的蔬菜是极不健康和不易消化的，提供煮了一半的生的脆的蔬菜，应该遭到鄙视……因为健康比时尚更加重要。

她在其他方面则更有见识，例如她谴责当时司空见惯地把鳝鱼活活剥皮和切碎的行为是"可怕的暴行"。而那些卖文为生者一定会赞同她用"穷作者的布丁"与"出版商的布丁"的配方所做的对比，因为后者实在是有点过于丰富了。

阿克顿小姐本身也是一位小有名气的诗人，她最初向她的出版人投寄的是一份"颇为散漫的诗句"的手稿，得到的回应却是他们更想要一本烹饪书。结果就产生了《私人家庭的现代烹饪法》，这本维多利亚时代的经典直至该世纪结束时还在印刷。

### 迎客布丁

这是来自伊丽莎·阿克顿经典之作《私人家庭的现代烹饪法》（1845 年）中一种"清淡又健康"的甜食的"作者私家配方"：

煮沸半品脱的新鲜牛奶或稀奶油，倒在4盎司粉碎的面包屑上；在盆上盖一只盘子，静置直至冷却。

然后再拌入4盎司的干面包屑，4只牛肾上的板油细细切碎，一小撮盐，3盎司粗粗压碎的杏仁饼干，3盎司切碎的柠檬蜜饯和橙子皮，以及1个大的或是2个小的柠檬皮磨碎。

把4个大鸡蛋的蛋清搅拌均匀，逐渐加入4盎司糖粉，并继续搅拌直至溶解，当它们会变得非常松软时；将其与其他原料一起混合并搅拌均匀。

将混合物倒入涂了厚厚的黄油的模具，或是容量达到将近1夸脱的盆子，装到距离边缘还有半英寸的高度；先放下一张涂了黄油的纸，再在上面铺上一块撒好面粉的布丁布，把布紧紧地扎好，包裹好，系紧布的角，尽量把布丁煮够两个小时。

在装盘之前，先静置一两分钟，上菜时配以简单的红酒酱汁……或是菠萝酱等任何透明的果酱。

## 炖公爵的菜谱

诺福克（Norfolk）公爵受到大量攻击，因为他建议当时遭遇可怕的马铃薯饥荒的爱尔兰穷人吃一点咖喱粉来减轻饥饿感。来自伦敦牛排俱乐部的一位匿名的搞笑者给《泰晤士报》写来了这样一封信：

敬启者，——我无意质疑您在这样一个饥馑的时刻，对穷苦同胞的同情之心，因此请允许我献上一份制作简单菜肴的配方：——诺福克咖喱

取公爵一头，无论多么愚蠢，但越肥越好，与"胡椒，以及其他类似的很多调料"同煮，然后在农村聚会上作为主菜奉上——即使是傻瓜也会切来吃的。

这是一道非常暖胃的菜；如果"起初不觉得可口"，就用一两杯牛奶潘趣酒送服。

您真诚的，

汉娜·格拉斯

（汉娜·格拉斯的《简易烹饪艺术》出版于 1747 年，这是第一本提供咖喱菜谱的英语书。）而《笨拙》（*Punch*）杂志则刊载了一份假冒是公爵所作的小册子，题为《如何依靠一撮咖喱生存》：

取一只煮锅，如果你没有锅，就去借一只。加入一加仑左右的净水，在火上煮沸。现在请准备好你的咖喱，如果你愿意的话，可以用一只鼻烟盒来盛装，请取一撮。把一撮咖喱投入热水中，就可以舀出来，在与你饥饿的孩子一起上床睡觉之前食用了。

# /1847 年 /

## 甜甜圈的发明

根据流行的传说（真假不明），第一只甜甜圈由汉森·格雷戈里（Hansen Gregory）制成，他是一艘美国商船上一名 15 岁的面包师学徒工，在使用船上的锡制胡椒瓶时，他把自己刚刚炸好的一个炸面饼湿软的中心部分给敲掉了。到这时为止，非环形的炸面饼已经存在了数十年——华盛顿·欧文（Washington Irving）在他 1809 年的《纽约外史》（*History of New York*）中提到"甜味的面团在猪油中炸制，叫做炸面饼"。1939 年的纽约世界博览会上展出了一尊 300 英尺高的汉森·格雷戈里的塑像草稿，以纪念其贡献。这座塑像计划竖立在缅因州的巴蒂山（Mount Battie），如果建成的话，应该在 50 英里外都能见到。

## 法国食品第二部分：青蛙和旧手套

在 R.H. 巴勒姆（Barham）的诗《小贩的狗》（*The Bagman's Dog*，选自《英戈尔兹比传说》*The Ingoldsby Legends*）中，我们读到了英国人对于法国食物的怀疑：

"热到冒烟"，火上煮着一口锅

锅装得满满的，我却说不清锅里是什么，

因为虽然法国人以炖菜闻名，

但是却没有人说得出他们都炖了些什么菜，

到底是牛蛙、旧手套、旧假发，还是旧鞋子。

巴勒姆不喜欢的另一种食材是黄瓜：

并不是她的冷淡，父亲，

冷却了我辛勤劳作的胸膛；

而是那该死的黄瓜

吃了不消化。

《忏悔》

## 奥地利素食的后果

弗里德里希·恩格斯在巴黎居住在一位前同事家里期间，写信给卡尔·马克思，抱怨道：

这股恶臭像是五千张不透气的羽绒床，再加上释放在其中的无数的屁——奥地利素食造成的后果。

## 贝琪·夏普与辣椒

在萨克雷（Thackeray）的小说《名利场》（*Vanity Fair*，1847—1848 年以连载形式发行）中的某个时点，野心勃勃的贝琪·夏普（Becky Sharp）把一位东印度公司的要员乔斯·塞德利（Jos Sedley）当成自己的目标。一天晚上，在与塞德利及其父母共进晚餐时，她初次品尝了英印菜式：

"给夏普小姐一些咖喱，亲爱的，"塞德利先生笑着说。

利蓓加之前从没尝过这道菜。

"你觉得它与其他来自印度的东西一样好吗？"塞德利先生问。

"哦，很好！"利蓓加答道，其实她正遭受着红辣椒的折磨。

"请和辣椒一起吃，夏普小姐，"约瑟夫说，他表现出真正的兴趣。

"辣椒，"利蓓加喘着粗气说。"哦，我要！"她以为辣椒是像它的名字一样凉爽的东西[1]，很快面前就呈上了。"它们看起来真是新鲜翠绿呀，"她说，拿起一个送进嘴里，这比咖喱还要辣；她再也忍受不了了。她放下叉子。"水，看在老天的份上，我要水！"她叫道。塞德利先生放声大笑（他是个来自股票交易所的粗人，在那里他们喜欢各种各样的恶作剧）。"这绝对是印度产的，我向你保证，"他说道，"三宝，给夏普小姐拿点水来。"

萨克雷自己出生在印度，并且从各位曾去过那里的叔伯阿姨那里感染了喜爱印度菜肴的口味。他甚至为咖喱写了一首诗，赞美其是"用来进贡给皇帝的菜肴"。


# /1848 年 /

## 论饺子的重要性

这一年，近亲生育，不能胜任的奥地利皇帝斐迪南一世退位了。

---

1 英语辣椒 chilli 与凉爽 chill 相近。——译者注

他的父亲曾在遗嘱中规定，如果他的儿子要继承皇位的话，必须在做任何事之前都要咨询他的叔叔路易和梅特涅亲王。斐迪南与撒丁王国的玛丽娅·安娜公主（Princess Maria Anna of Sardinia）婚后，当他试图圆房时却遭遇了五次癫痫，从此之后，看起来他似乎已经放弃了。为了取乐，他会在一堆废纸篓中间打滚，还会试图空手捉苍蝇。他最著名的逸事是当宫廷主厨遗憾地通知他，没有办法给皇帝吃杏肉饺子，因为不是杏子收获的季节，斐迪南发出了著名的反驳："我是皇帝，我要吃饺子！"斐迪南一直活到1875 年。

# / 约 1850 年 /

### 享用麝香猫排泄物

在荷属东印度殖民地当局禁止本地农民和种植园工人采摘咖啡浆果供自己消费之后，当地人发现了一条巧妙的办法，可以绕过法律条文。他们注意到麝香猫（luwak）吃下咖啡柔软的浆果后，会排泄出不能消化的种子，他们收集这些种子，清洗干净，烘焙并磨碎，就可以制成一种特别美味的饮料——猫屎咖啡（kopi luwak）。猫屎咖啡芳香浓郁，也不像其他咖啡那么苦，这是麝香猫胃中某些酶的化学作用所导致的。经过麝香猫处理的咖啡的名声很快就传到了种植园主那里，而今天，猫屎咖啡已经成为全世界最贵的咖啡，每磅最多可以卖到 600 美元。

### 全心追求个人满足

奥德（Oudh）的末代纳瓦布[1]（nawab）瓦吉德·阿里·沙阿（Wajid

---

1 官职，相当于总督。——译者注

Ali Shah）设计捉弄他的晚宴贵宾德里土王米尔扎·阿斯曼（Prince Mirza Asman of Delhi），他让厨师把一份焖肉伪装成印度蜜饯——一种加有调料的素食蜜饯。一直以自己的美食鉴赏能力为傲的土王完全被蒙在鼓里。过了一段时间，他回请纳瓦布，以报一箭之仇。当纳瓦布坐下用餐时，他惊讶地发现自己吃到的所有菜肴——米饭、咖喱、烤肉串、面饼甚至是泡菜——都只含有一种成分：焦糖。

奥德的纳瓦布们长期以来一直以赞助美食艺术而闻名。据说18世纪70年代初的纳瓦布舒贾-乌德-道拉（Shuja-ud-Daula）与厨师相伴的时间四倍于拜访救济院的时间，而纳瓦布的宾客们可以在餐桌上吃到杏仁雕刻成的米粒和开心果雕刻成的小扁豆。舒贾的继承者阿萨夫-乌德-道拉（Asaf-ud-Daula）在饕餮方面有过之而无不及：尽管牙齿全部掉落了，他仍然肥胖到马都骑不了的地步。根据传统，为了让没有牙齿的纳瓦布不感到丝毫饥饿，他高薪请的厨师们发明出沙米烤肉串（shammi kebabs），这是由切细剁碎的肉制成，既不需要咬也不需要嚼。

如此荒唐的行为让长期关注奥德的英国人皱眉。1855年，威廉·奈顿在他的《一位东方君主的私人生活》（*The Private Life of an Eastern King*）中，直言不讳地描述瓦吉德·阿里·沙阿：

> 他全心地追求个人满足，毫无参与公共事务的兴趣，全然无视自己在宫廷中的责任和义务。他仅仅生活在弄臣、太监和女人的环抱之中：因为他从小就在这样的环境里成长，也将终生如此。

这位纳瓦布于1856年遭到流放，他的领地被英国吞并。

## 对跖点的盛宴

在G.C.芒迪（Mundy）发表于1852年的《我们的对跖点》（*Our Antipodes*）中，作者描述了一场在澳大利亚悉尼举行的晚宴聚会，宴席上了下列这些菜式：

> 沙袋鼠（Wallabi）尾汤
>
> 煮银金鲷（schnapper）伴蚝油
>
> 巨地鸠（wonga-wonga pigeon）精致的翅膀伴面包调味汁
>
> 芭蕉和枇杷、番石榴、柑橘、石榴和番荔枝制作的甜点

这一切，芒迪说："使我明白自己不是身处贝尔格拉维亚。[1]"

# /1853 年 /

**复仇这道菜最佳的做法是……油炸**

8 月 24 日，纽约州萨拉托加温泉市（Saratoga Springs）月湖楼（Moon's Lake House）的大厨乔治·"斑点"·克拉姆（George "Speck" Crum）被一位抱怨他做的炸薯条"太厚了"的用餐者激怒了，他愤而取来一批新的土豆，把它们切得像纸一样薄，再下锅油炸，直至土豆片彻底又干又脆。他相信那位令他恼火的食客一定会发现这些薯片完全不能吃——但是完全相反地，那人觉得很美味。于是炸薯片——在英国叫做 crisps——就此诞生了。当然这个说法仅仅是个故事，当时世上已经出现了某种类似的食品。

**因纽特人怎么吃**

一位美国海军军医以利沙·凯恩（Elisha Kane）加入了一支探险队，尝试搜寻在北极寻找西北航道时失踪的约翰·富兰克林爵士的下落。在搜寻过程中，凯恩和他的同伴们比先前的任何探

---

1 Belgravia，伦敦高级住宅区。——译者注

险队都更加深入北方。在北极地区他曾与一个因纽特人家庭一起住在一幢冰屋里，后来他在《北极探险》（*Arctic Explorations*，1857年）一书中描述了他们吃生肉的方式：

> 他们把肉切成长条，一端放进嘴里，以吞咽力量能够允许的最快速度吞下，然后切去没有吃进嘴里的部分，再准备吃下一口。这是一项真正的壮举：我们中尝试的人无不尴尬地败下阵来；此外我还看见母亲兜帽中的幼儿，两岁还不到，也能够毫无困难地做到。

### 北极熊的肝脏

在北极，凯恩医生起初将因纽特人告诉他们的北极熊肝脏有毒的警告当作"庸俗的偏见"，不过在1853年10月8日的日记里，他提及：

> 我昨天的晚餐是幼崽的肝脏，今天我的症状完全符合中毒的特征——眩晕、腹泻及呕吐。

北极熊肝脏的毒性是由于它含有较高浓度的维生素A。一个人如果一次吃30~90克的肝脏，就足以致命。

### 涅谢尔罗迭布丁

1856年在巴黎就结束克里米亚战争的合约进行谈判时，俄罗斯外交大臣卡尔·罗伯特·涅谢尔罗迭（Karl Robert Nesselrode）伯爵荣幸地成为一道新菜的命名来源。"涅谢尔罗迭布丁"由伯爵的法国主厨莫尼（Mony）先生发明，这是一道冰冻的甜品，其选材意在反映涅谢尔罗迭自己：栗子代表他的威斯特伐利亚（Westphalian）血统，葡萄干来自他的出生地里斯本，以及希腊的黑醋栗代表他对土耳其人的敌意。

这一配方的早期版本来自朱尔斯·古费（Jules Gouffé）于1874年在伦敦出版的《皇家糕点和糖果书》（*The Royal Pastry and Confectionery Book*）：

剥40颗上好的意大利栗子，在沸水中焯一下，以去除第二层皮，把它们放进一口长柄炖锅里，加入1夸脱的16摄氏度糖浆和一根香草棍；

用小火煨煮，直至栗子熟透，滤干，用一只细网筛过滤；

在一支长柄炖锅中混合8只蛋黄、半磅糖粉，加入1磅煮熟的奶油，在火上搅拌，无须煮沸，在蛋黄变浓稠时加入栗子糊和1及耳[1]的马拉希诺樱桃酒（Maraschino），用一块塔米布(tammy-cloth)把所有内容过滤到一个盆里；

在冰里放一只冷冻罐。

洗净并晾干1/4磅的黑醋栗，与一些30摄氏度的糖浆一起煮沸；

将1/4磅的葡萄干去核并切成两半，同样与糖浆一起煮；

把栗子和奶油倒入冷冻罐中，用刮刀搅动，直至部分冻结，加入3及耳打发的厚奶油，继续搅动，直至奶油冻结，再拌入前面准备好并已滤干的干果；

把上述冻品装入一只半球形的冰淇淋模具，完成前述的所有步骤。

最初发明时，布丁是装在皮囊中冻结的，而不是在模具中。

## 涅谢尔罗迭布丁酱

把4只蛋黄放入一口长柄炖锅中，加入1/4磅的细糖粉和3及

---

1 1及耳 =0.1421 升。

耳煮沸过的奶油，在火上搅拌，无须煮沸，直至蛋黄开始变稠，把锅从火上移开，再搅拌 3 分钟；

用一块塔米布把酱汁滤入一口炖锅，加入 1 及耳马拉希诺樱桃酒，把炖锅放入冰里，因而酱汁就会非常冷，但不会冻结，将其和布丁一起用一只船形容器端上桌。

# /1855 年 /

### 木炭饼干

詹姆斯·伯德（James Bird）在他的《植物木炭：其药用和经济特性及其对肠胃的慢性影响的实际论述》（*Vegetable Charcoal: Its Medicinal and Economic Properties with Practical Remarks on Its Use in Chronic Affections of the Stomach and Bowels*）一书中推荐说，木炭饼干是给儿童补充碳的最佳途径。木炭饼干最早出现在 19 世纪初，当时用于治疗胃肠胀气，由面粉、黄油、糖、鸡蛋和柳树枝条制成的木炭做成。它们直到 20 世纪都仍然流行。

# /1857 年 /

### 粉红柠檬水

在美国，皮特·康克林（Pete Conklin）发明了一种新奇饮料——粉红柠檬水。其秘密配方是一大桶水，一位骑马者在其中浸泡他的红色紧身裤。

### 论食用美人鱼

在《食品趣闻；各个国家由动物界所取得的美味佳肴》（*The Curiosities of Food; or the Dainties and Delicacies of Different Nations Obtained from the Animal Kingdom*）中，彼得·伦德·西蒙兹（Peter Lund Simmonds）描述了海牛的肉。海牛这是一种大型海生哺乳动物，显然经常被水手们误认为是美人鱼，同时也是西印度的一道美食，它的肉发白，像猪肉一样美味。不过，西蒙兹也无法抑制将其人格化的冲动。"看来可怕，"他写道，"食用一种会把其幼崽（每胎都不超过一只）抱在胸前哺乳的动物，它的外形非常像一位妇女，它的前肢也很像人类的手。"

### 老鼠当美味

在同一本书里，西蒙兹提及中国人眼中老鼠的食用价值，尤其是那些移民到加利福尼亚州的中国人（译者并不认同其观点）：

在中国，老鼠汤被视为与牛尾汤等同，12 只上好的老鼠能卖两美元，或八九先令。

除了有金矿吸引中国人以外，加州还有充裕的老鼠供应，他们在那里过得像神仙和皇帝一样，无须为膳食花费许多……我们得知，他们中的专业厨师所炮制的老鼠脑子这道菜，其精致程度远远胜过罗马人用夜莺和孔雀舌头做的菜。前者所使用的酱汁，由大蒜、芳香植物的种子以及樟脑制成。

# /1860 年 /

## 英国烹饪中最热衷的暴行

著名的塔比瑟·牙痒（Tabitha Tickletooth）在她的著作《用餐问题；或，如何吃得又好又经济》（*The Dinner Question; or, How to Dine Well & Economically*）中严厉谴责了用小苏打煮绿叶蔬菜的传统。"绝对不要，"牙痒小姐怒喝道：

> 在任何情况下都绝对不要用小苏打煮豌豆，除非你真的想要破坏所有的风味，让你的豌豆烂成浆。英国烹饪中最热衷的这种暴行无论多么强烈的谴责也不够。

这一方法可以追溯到古罗马时期，也长期盛行于英国和北美地区，小苏打可以使蔬菜绿色鲜艳，但也使它们酥软并破坏维生素 B1 和维生素 C。

塔比瑟·牙痒是个笔名，属于一位维多利亚时代的演员和变装艺术家，他的真实姓名是查尔斯·塞尔比（Charles Selby，约 1802—1863 年）。此书中充满了基础性的中肯建议，并且劝告读者不要过于关注菜式的外观。例如：

> 已故的达德利（Dudley）爵士确实说过："一碗好汤，一小条多宝鱼，一块鹿颈肉，以及一块杏肉挞，就是一位皇帝最佳的正餐。"因此，请按照这个原则来安排你的正餐，即数量要少，但食材和烹饪手艺这两者的质量都要卓越。

## 实验性食肉

在伦敦，新成立的驯化协会举行了首次晚宴。菜单包括海蛞蝓、袋鼠和凤冠雉之类的美味——因为这个协会声称其曾经的宗旨就是为英国的餐桌寻找可供饲养的外来物种。主持这次活动的是博物学家兼实验性食肉者弗兰克·巴克兰（Buckland），在孩童时期其父亲威廉·巴克兰牧师就给他介绍过许多非传统食物，从松鼠肉馅饼和面糊裹小鼠，到马舌头和鸵鸟肉。老巴克兰自己是一位杰出的地质学家，担任着牛津大学基督堂学院（Christ Church, Oxford）的咏礼司铎，声称自己曾经吃过路易十四防腐处理过的心脏。小巴克兰在牛津期间，继续从事自己的美食试验，从萨里动物园（Surrey Zoological Gardens）新近亡故的豹子开始，在他的请求下，这只豹子被从坟墓挖出来。"味道并不是很好，"他后来承认。巴克兰大胆尝试过的野兽还有犀牛（"就像是非常硬的牛肉"）、鼠海豚（"烤灯芯的味道"）、象鼻子（"橡胶状"）和长颈鹿（"像小牛肉"）。他声称鼹鼠的肉"绝对可怕"，在难吃程度上只有青蝇能够超越。

### 英格兰最早的炸鱼薯条店

虽然马拉诺人(Marranos)——从葡萄牙流亡而来的犹太人——曾在 16 世纪把炸鱼引进到英格兰，但是直到 1860 年，一位来自东欧的犹太移民约瑟夫·马林（Joseph Malin）才开始在他位于伦敦东区的店面里把炸鱼和薯条一起售卖。1968 年，Bow 区马林餐馆获得了全国炸鱼商联合会（National Federation of Fish Fryers）颁发的一块匾额，以纪念他们这家英国炸鱼薯条店（"chippy"）的原型。差不多在同一时间，在兰开夏郡，当地已经存在的薯条店里也出现了炸鱼，其进入各大城市要归功于铁路的广泛建设。大曼彻斯特郡莫斯利（Mossley, Greater Manchester）的约翰·李斯（John Lees）被认为在北部开办了第一家炸鱼薯条店，时间是 1863 年。

到 20 世纪 20 年代末，全英国大约有 35000 家炸鱼薯条店——

而由于炸鱼薯条广受欢迎，营养价值又高，是蛋白质、维生素和碳水化合物的优质来源，因此在整个第二次世界大战期间都没有受到配给限制。今天，英国的炸鱼薯条店已不足 9000 家，但是到 21 世纪初，它们仍然每年销售约 2.5 亿份餐食。

## 复活奶酪

在 1979 年的《卡马森郡历史学家》（*The Carmarthenshire Historian*）中，威尔士纹章官（Herald of Arms Extraordinary）弗朗西斯·琼斯（Francis Jones）少校描述了曾在南威尔士圣克莱尔斯（St Clears）附近的特里芬提（Trefenty）制造的著名的"复活奶酪"的起源。

大约在 1860—1864 年，普洛登先生允许一名牧羊人在他的牧场里养两头奶牛，这样他可以把牛奶做成的奶酪出售，以补充自己微薄的报酬。由于买不起奶酪压榨机（peis），这个富有创业精神的家伙来到废弃的教堂墓地（位于 Llanfihangel Abercywyn 教堂），捡了几块掉落下来的墓石，巧妙地制成了所需的工具，虽然外观平平，但仍然相当高效。那个时期的农家奶酪通常较大较圆，直径远远大于 1 英尺，甚至达到 2 英尺，而美味和有益健康方面则是相同的。由于这位灵巧的牧羊人所使用的一块石头上面铭刻着"纪念戴维·托马斯"的字样，这些字就清晰地印刻在奶酪上了。他把奶酪运到圣克莱尔斯，很快就招揽来客户，其中一位在自己买到的奶酪上读到了铭文，就说"你是从 Llanfihangel Abercywyn 教堂复活了这些奶酪啊！"这引起了许多的欢笑，而从此以后特里芬提这种味美多汁的产品就在当地以"复活奶酪"而闻名了——复活奶酪（原文为威尔士语 caws yr Atgyfodiad）。

# /1861 年 /

如何杀龟

比顿（Beeton）夫人在她的《家政管理全书》（*Book of House-hold Management*）中的乌龟汤菜谱里，给出了下面如何杀龟的说明：

> 要降低做这道汤的难度，需要在前一天砍掉乌龟的头。在第二天早上用一把刀割开乌龟背上的壳，要完全割下来。从后端翻过来，这时所有的水等东西都会跑出来，你应该使刀与骨头形成一个斜的角度，沿着脊椎把肉割下来，要避免碰到胆汁，因为有时会看不清楚。当所有的肉都剔下来之后，将壳洗净，并让水流干……

正如安德烈·洛奈（André Launay）在《鱼子酱之后》（*Caviare and After*，1964 年）中所指出的："从乌龟身上割肉就好像给发动机除碳。"

乌龟肉不但是维多利亚时代英国的美味，其中的大型淡水品种也是巴西一些地方的主食，如亨利·沃尔特·贝兹（Henry Walter Bates，以对动物拟态的描述而著称）在《亚马逊河上的博物学家》（*The Naturalist on the River Amazon*，1863 年）中所解释的：

> 这种肉很柔嫩可口，有益健康；但是很腻人；每个人或早或晚都会彻底腻味。我有两年对乌龟倒了胃口，甚至无法忍受它的气味，即使没有其他东西可吃，而我又真的饿了。

贝茨随后还描述了当地的妇女煮肉的不同方法：

> 内脏被切碎，制成美味的汤，叫做 sarapatel，一般会用龟的背壳当作罐子来煮汤。胸部柔软的肉则与木薯粉一起剁碎，而胸壳就放在火上烤，制成一道非常令人欣赏的菜。厚实的胃可以制成香肠，

其中填入碎肉，随后煮熟。Tucupi 酱煮四肢是另一道乌龟做的菜。如果腻烦了其他的吃法，用瘦肉做成只用醋调料的烤串将是一种令人满意的变化。

## 英式全餐

"下列的热菜，"比顿夫人在她的《家政管理全书》中写道，"或许能够帮助我们的读者了解如何为早餐提供舒适的餐食。"

烤鱼

如鲭鱼、鳕鱼、鲱鱼、黑线鳕鱼干，等等。

羊排和臀肉

烤羊肾

奶油柠檬酱腰子

香肠

薄片培根

培根与水煮蛋

火腿与水煮蛋

煎蛋饼

白煮蛋

煎蛋

吐司盖水煮蛋

松饼、吐司、柑橘酱、黄油，等等。

难怪萨默塞特·毛姆（Somerset Maugham）曾说过："要想在英国吃好，你只需要每日三餐都吃早餐就行了。"

## 牛犊头肉卷

下面是比顿夫人的《家政管理全书》中一份典型的菜谱。在屠宰牛犊之前，作者建议"如果天气晴好和煦，（牛犊）应该每天都牵到一座果园或小型围场里几个小时，使其有机会享用新鲜牧草"。

准备——用沸水焯牛头数分钟；从水中取出，用一把钝刀刮去所有毛发。

仔细地清洁，劈开头骨去除脑子。一直煮到肉烂熟，可以取出骨头，这可能需要 2 小时。

把去骨的牛头平铺在桌上，撒上厚厚一层西芹，然后铺上一层火腿，然后是（6 个煮熟的鸡蛋的）蛋黄，切成薄片，在每一层之间都用捣碎的肉豆蔻衣、肉豆蔻和白胡椒来调味；用一块布把牛头卷起来，捆扎得越紧越好。

煮 4 小时后出锅，用一个重物压在上面，与制作其他肉卷的方法相同。

保持原状，直至冷却；然后拆掉布和绳子，就可以上桌享用了。

### 压扁的苍蝇

为了向广受爱戴的意大利民族主义领导人朱塞佩·加里波第（Giuseppe Garibaldi）致敬，伦敦柏孟塞（Bermondsey）的皮克·弗雷恩公司（Peek Frean and Co）用他的名字命名他们新生产的饼干。这种扁平的长方形饼干内有醋栗馅，至今仍然被叫做加里波第饼干——不过更流行的名字是"扁苍蝇"或是"苍蝇墓园"。

# /1865 年 /

### 用香肠决斗

普鲁士宰相奥托·冯·俾斯麦（Otto von Bismarck）感到怒不

可遏，因为自由主义政治家和病理学先驱鲁道夫·菲尔绍（Rudolf Virchow）批评他庞大的军事预算，他向这位对手发出决斗挑战。菲尔绍得到了选择决斗武器的机会，他告诉宰相，有两根香肠：一条绝对安全，另一条则感染了肉毒杆菌——能够导致致命疾病。他邀请俾斯麦先选择一条吃下去，他自己则会吃下另一根。宰相既被逗乐了，也被吓到了，于是撤回了挑战。

### 马肉盛宴

为了促进法国工人阶级食用马肉，作为替代牛肉和猪肉的一种廉价选项，巴黎举行了一场马肉大宴会（banquet hippophagique），推出了诸如马肉清汤、马肉香肠和马肉伴冰淇淋等菜式。尽管在拿破仑战争期间的某些极端情况下，法国军队会依赖吃马肉生存，但是吃马肉在法国并不普遍——爱德蒙·德·龚古尔（Edmond de Goncourt）将其描述为"富含水分，红得发黑"，而大仲马则怀疑其到底会不会流行起来。不过，1866年法国政府颁发了马肉屠宰的专业执照，而1870—1871年的巴黎之围则极大地刺激了消费。随后，马肉店（boucherie chevaline）就成为法国大多数主要商业街道的特色，店的招牌通常是门头上有一个马头雕塑，店内的肉则装饰着彩带和人造花。由于近几十年法国的马肉消费量显著跌落，这样的马肉店正在逐渐从人们视野中消逝。

# /1866 年 /

### 重逾 7 千磅的庞大奶酪之颂歌

这首诗是加拿大业余打油诗人詹姆斯·麦金太尔（James McIntyre）最著名的作品，他因此也被称为"奶酪诗人"。诗中提及的奶酪是他的家乡安大略省英格索尔市（Ingersoll, Ontario）制造的，曾在多伦多、纽约和英国的展览中展出。以下是麦金太尔公认的杰作全文：

奶酪中的女王，

静卧着，无比安详，

晚风柔柔吹拂——

苍蝇也不敢染指，你的仪态万方。

华服盛装，你将去向

省城大展会上，

多伦多的情郎，纷至沓来

围绕在身旁。

牛群聚集，有如蜜蜂出巢——

又如树叶群聚——

皆是为了搏你欢心，

风华绝代的奶酪女王。

愿你完美无瑕

传说哈里斯先生

将送你漂洋过海

前往巴黎参加世界博览会。

请提防那些——莽撞的青年——

或许会粗鲁地挤压

或咬破你的面庞；然后唱出

我们不会唱的歌曲，噢奶酪女王。

我们把你挂上气球，

你会投下阴影，甚至在中午；

人们会以为是月亮

马上要坠落，把他们都碾碎。

麦金太尔于 1828 年出生在苏格兰，1841 年移民加拿大，最终定居在英格索尔，他在那里从事橱柜和棺材制造业务，也担任殡葬承办人。他成为该国当时尚处于婴儿期的奶酪产业中的桂冠诗人，并写下了这样的不朽名句：

古代诗人做梦也想不到

加拿大是流着奶油的沃土，

他们想象不到它能流淌

在这冰雪覆盖的冻土之上，

那里一切都冻结得如此坚固

他们从未梦想到过奶酪。

麦金太尔的作品偶尔出现在多伦多《环球报》（*Globe*）上，他在生前出版过两卷诗集，并坚持写作，直到 1906 年去世。今天，英格索尔市每年都举行以他的名字命名的诗歌比赛，参赛者作诗的题目必须是"……奶酪"。在英格索尔城外，19 号与401 号公路的交叉口，安大略省考古和历史遗址理事会（Ontario Archaeological and Historical Sites Board）竖立起了一座"1866 年大奶酪"纪念碑。

## /1867 年 /

### 世界上最臭的奶酪？

第一只林堡（Limburger）奶酪由鲁道夫·本科特（Rudolph Benkerts）在他位于前林堡公国（Duchy of Limburg，现分属荷兰、德国和比利时）的地窖中在这一年制作出来的。这种半硬的白色羊奶奶酪，其臭名昭著的气味来自发酵过程中使用的一种微生物亚麻短杆菌（Brevibacterium linens），人类脚臭也是这种菌造成的。2006 年一项科学研究发现，林堡奶酪和人类足部的气味对于传播疟疾的蚊子而言，吸引力是相同的。

## 龙虾作武器

在 W.B. 洛尔德（Lord）的名著《螃蟹、虾和龙虾的传说》中，他描述了龙虾罐头的奇异用途：

> 据说印度战争期间（大约是指 1857 年兵变），一箱属于我军部队的物资落入敌人手中，他们还以为收获了某种致命的破坏性弹药，他们把这些上了漆的铁皮盒子塞进大炮的炮膛，后面充填好火药，稳稳地对准奋勇进攻的英军，在火炮的闪光和雷鸣之后，福南梅森牌（Fortnum and Mason's）的罐头龙虾洒遍了整个战场。

## 最后一位下锅的传教士

一位来自苏塞克斯普莱登(Playden in Sussex）的牧师托马斯·贝克尔（Thomas Baker）犯下了一项令人遗憾的失礼行为，他在斐济维提岛（Viti Levu, Fiji）的诺沃萨高地（Navosa Highlands）传教时，从一位当地首领的头上拔下了一把梳子。愤怒的原住民用斧头向牧师先生复仇，把他和七位斐济人信徒一起剁碎煮熟吃掉了。据说贝克尔是斐济最后一位被吃掉的传教士。

对于欧洲人来说，当时的斐济被称为食人群岛，因为数个世纪以来，食人都被视为部落间战争的正常组成部分。19 世纪初，一位首领 Ratu Udre Udre 号称吃了 872 个人，并且竖立了一排石柱，每根代表一个被吃掉的人，以庆祝他的成就。根据他儿子的说法，Udre Udre 因为自己能吃下受害者的每一部分——连人头也能吃——而感到自豪，而且一顿吃不下，就留到下一顿吃。在吃人宴会上使用 14 个齿的叉子，显然也是一种传统，而部落成员向首领致敬的口号则是："请吃我！"

这样的传统和贝克尔的不幸遭遇，给杰克·伦敦（Jack London）的《鲸牙》（*The Whale Tooth*）带来了灵感，这是写于 1911 年的关于斐济的"卷发食人族"的短篇小说：

传教士被一大群赤裸裸的野蛮人包围，争先恐后地来捉拿他。烤炉唱起了死亡之歌，他的规劝之语终于在人间成为绝响……

今天的斐济人大部分都已皈依基督教，他们把过去的食人行为称为"魔鬼的时代"（Na gauna ni tevoro），2003 年，杀害贝克尔的部落的首领正式向他的后代做了道歉。

# /1868 年 /

### 爱音乐爱美食第二部分：罗西尼牛排

意大利歌剧作曲家焦阿基诺·罗西尼（Gioacchino Rossin）也是著名的美食家兼业余主厨，死于这一年。闻名遐迩的罗西尼牛排——薄片的菲力牛排用黄油炸，上面覆盖鹅肝酱，配以油炸面包丁、马德拉糖渍酱和黑松露片——有些人说是在他死后由法国名厨奥古斯特·埃斯科菲耶用他的名字命名的，还有人说是埃斯科菲耶的前任，朵利咖啡馆（Maison Dorée）主厨安东宁·卡雷姆（Antonin Carême），又名卡西米尔·慕瓦松（Cassimir Moisson）。还有一个故事是关于罗西尼本人的，帕梅拉·琼·芬戴克·普莱斯（Pamela Joan Vandyke Price）在《法国：美食与美酒指南》（*France: A Food and Wine Guide*，1966 年）中写道：

罗西尼当时在英国咖啡馆（Café Anglais）用餐并……建议一种非主流的切割和做牛排的方法……领班吓坏了，宣布不能端出如此不像样的一道菜。"很好，"罗西尼说："那我们不看就行了——我会转过身去的"（tourne le dos）。

松露是罗西尼最喜欢的食材之一，他将其称为"蘑菇中的莫扎特"。作曲家声称在成人之后只哭过三次：一次是当他听到技艺精湛的小提琴家尼可罗·帕格尼尼（Niccolo Paganini）演奏时，一次是他的第一部歌剧被人喝倒彩时，还有一次是在小船上野餐，一只填满松露的鸡从船上掉进河里时。

有一个故事可以说明罗西尼的巨大胃口，有一次宴会，菜肴特别精彩，当女主人转向他，询问什么时候他会再来共进晚餐，罗西尼回答说："就现在！"

# /1869 年 /

## 对榴梿的分歧意见

东南亚的榴梿引起了各种各样的反应，从全身心投入的热情到完全和强烈的反感都有。博物学家阿尔弗雷德·拉塞尔·华莱士（Alfred Russel Wallace）属于前一阵营，他在《马来群岛》（*The Malay Archipelago*，1869 年）中描述道：

一种浓烈的类似黄油的蛋奶冻，含有强烈的杏仁味，这是最贴切的概括描述，不过口味中还夹杂着一阵阵令人想起奶油奶酪、洋葱汁、黑雪利酒等的不协调的味道。而果肉中还有一种在别处找不到类比的黏性的柔滑感，不过它能够增添美味的感觉。它既不酸也不甜，没有汁液，但你会感觉并不需要这些品质，因为它现在这样就已经足够完美了。它既不会令人恶心，也没有其他不良影响，而且你吃得越多就越不想停下来。事实上，吃榴梿是一种全新体验，值得你不远万里远航东方去尝试。

其他人则将食用这种水果比作吃污水、烂洋葱、陈旧呕吐物、运动袜或外科棉签，而正是因为这种气味，印度尼西亚禁止在所有公共交通工具上携带榴梿。医生维克多·海舍尔（Victor Heiser）是一位反对派阵营的旅行者，他在《一位美国医生在四十五个国家的漫游记》（*An American Doctor's Odyssey in Forty-Five Countries*，1936 年）中讲述了下面这件富有教育意义的趣事：

我与一位朋友坐火车从曼谷到槟城去。在一个车站停留期间，同一隔间的另一位乘客，一个中国人，买了榴梿，并着手把它切成两半。我们几乎被那股气味击倒，于是叫来了警卫，请他说服这位旅伴到站台上去吃他的榴梿，他乖乖服从了。他回来的时候我们正好开始吃我们的火腿三明治，于是他做出厌恶的姿势，摇着头叫喊"哎唷！哎唷！哎唷！"就好像厌恶到了极点。然后他也叫来了警卫，用马来语与之交谈。警卫转向我们，问我们是否介意走出去吃午饭。既然前面这位中国人礼貌地答应了我们的要求，我们觉得至少有必要予以回报。在最后一声"哎唷！"声中我们也离开了。当我们吃完无辜的三明治回去的时候，这位诙谐的中国人抬起头来，脸上露出灿烂的笑容。

# /1870 年 /

## 菠菜神话

德国科学家埃米尔·冯·沃尔夫（Emil von Wolff）博士在这年公布他所测量的菠菜含铁量数值时，放错了小数点的位置，使得这种蔬菜的含铁量比真实数值高出 10 倍，并获得了能让任何吃菠菜的人增加力量的名声——因为铁对于制造血红细胞至关重要。因而菠菜也成了埃尔齐·克赖斯勒·西格（Elzie Crisler Segar）1929年1月创造的肌肉强大的漫画人物最喜爱的食物，这个角色的主题歌唱道：

> 我是大力水手波派，
> 我是大力水手波派，
> 最后还是我最强
> 因为我吃菠菜，
> 我是大力水手波派。

由于大力水手的背书代言，美国的菠菜消费量增长超过 30%。然而，1937 年德国化学家发现了沃尔夫博士的错误，人们认识到菠菜并不比大多数其他绿色蔬菜的铁含量更高。

至少这是常见的说法，但在 2010 年，诺丁汉特伦特大学（Nottingham Trent University）的麦克·萨顿（Mike Sutton）博士在《互联网犯罪学杂志》（*Internet Journal of Criminology*）上发表了一篇论文，在其中他总结道，经过广泛的研究，在 1981 年以前的任何出版物上，无论是不是学术性印刷品，都找不到沃尔夫博士放错小数点这件事的报道。萨顿确认，在有些版本的故事里，作为主角的科学家不是沃尔夫，而是古斯塔夫·冯·邦吉（Gustav von Bunge），据说他在 1890 年犯下了错误，测量了干燥后的菠菜中的铁含量，实际上其含量比在新鲜菠菜中浓缩了许多。此外，实际上西格选择菠菜作为大力水手的力量来源，也不是因为其中含有铁，而是因为它的维生素 A 含量高。例如，在一册 1932 年 7 月3 日的漫画中，大力水手直接在菜圃里嚼菠菜，一边说"菠菜富含维生素 A，它让人又强壮又健康"。在萨顿研究过的数百本旧漫画中，完全没有任何把菠菜和铁联系起来的线索。

原来，菠菜中大部分的铁都与草酸结合形成难溶性的盐，不超过 5% 的铁能够在消化过程中被吸收。西格显然是意识到菠菜和其他绿色蔬菜一样富含维生素，才希望向成人和儿童推荐食用的；到那时为止，这些蔬菜都被看做是牲畜的食物。当然会存在一些抵制，例如卡尔·罗斯（Carl Rose）1935 年的著名漫画就反映了这一点：

母亲：给你西兰花，亲爱的。

孩子：我说这是一派胡言（it's spinach），让它滚蛋吧。

## 巴黎被围时期的菜单

1870—1871 年的冬季，由于普鲁士军队对巴黎为期四个月的围困越发收紧，困境中的市民求助于各种各样的食物新发明来避免饿死。伦敦《每日新闻》（*Daily News*）特约记者亨利·拉布谢尔（Henry Labouchère）记录下一些更受欢迎的菜：

马肉

"可以代替牛肉……更甜一点……但在其他方面很像牛肉"

猫肉

"介于兔子和松鼠之间，还有一点完全属于自己的味道"

驴肉

"美味——颜色像羊肉，紧实又略带咸味"

小猫

"与洋葱一起焖煮或者做成蔬菜炖肉都很出色"

老鼠

"美味——介于青蛙与兔子之间"

西班牙猎狗

"吃起来像羊肉，但我觉得自己像在吃人"

"这场围城破坏了许多幻觉，"拉布谢尔总结道，"其中有防止很多动物被用作食物的偏见。我可以最严肃地断言，再也吃不到比烤驴肉或蔬菜炖猫肉更好吃的菜了——请相信过来人（experto crede）。"

# /1872 年 /

## 请求被腌制

瑞士牧师和宗教改革运动历史学家让 - 亨利·梅尔·多比涅（Jean-Henri Merle d'Aubigné）于本年 10 月 21 日去世。他年轻时曾在苏格兰与苏格兰自由教会（Free Church of Scotland）的领导人托马斯·查麦士（Thomas Chalmers）在一起。有一次，早饭吃到了腌鱼（kipper），感到好奇的多比涅询问"kipper"的意思，他被告知意思是"保存"或"储藏"。此后不久，在带领查麦士家族做晨祷时，他祈求仁慈的上帝"赐福，保佑——并腌制"。（实际上，"kipper"一词来自古英语中的 cypera，而这个词又有可能来自 coper，即"铜"，指腌鱼的颜色。）

# /1874 年 /

## 吃掉全体选民的风险

在 1874 年 2 月，阿尔弗雷德·派克尔（Alfred Packer）和 5 名探矿者同伴动身穿越冬季的落基山脉（Rocky Mountains），前往科罗拉多的金矿地区，他们忽视了应该等到开春再走的建议。4月16日派克尔独自抵达临近吉纳森（Gunnison）的洛斯·皮诺斯印第安事务厅（Los Pinos Indian Agency）。声称他和自己的同伴彻底迷了路，并被大雪所困，有一天，当他独自外出寻找食物回来时，发现同伴之一，香农·贝尔（Shannon Bell）发了疯，用一把短柄小斧杀死了其他人，并开始在火上煮他们的肉。派克尔自称为了自卫，开枪杀死了贝尔。

没有人相信他，在随之而来的审判上，主审法官梅尔维尔·B.格里（Melville B. Gerry），如此宣告："站起来，你这个贪婪的吃人的狗娘养的家伙，现在接受你的判决吧！整个欣斯代尔（Hinsdale）县总共只有7个民主党人，却被你吃掉了5个！"然而，派克尔却越狱逃走了，好几年没有被抓到。1886年他被重新审判，被判过失杀人罪名成立，判处有期徒刑40年。据说到1907年死去时，他已经成了一名素食者。

# /1876 年 /

### 热烤阿拉斯加

"热烤阿拉斯加"这个名字最初由纽约的德尔莫尼科（Delmonico's）餐厅使用，是为了庆祝1867年美国从俄罗斯获得这片寒冷的北方领土。这道甜点由海绵蛋糕底座上热的蛋白脆饼包裹着冰冷的冰激凌做成，实际上起源于法国，在那里，它叫做挪威式煎蛋饼（omelette à la norvégienne），同样得名于寒冷的北方。菜谱中的秘诀是把食材放入一台极热的烤箱，这样蛋白脆饼熟得很快，而冰淇淋又来不及融化。

1969年匈牙利物理学家尼古拉斯·库尔地（Nicholas Kurti）

用微波炉制造了一只"反热烤阿拉斯加"，又叫"冰冻佛罗里达"，就是一个冰冻的蛋白脆饼外壳包裹着热的馅料。

# /1877 年 /

论吃小型鸟的内脏

在《凯特纳的餐桌之书》（*Kettners Book of the Table*）中，伊尼厄斯·斯维特兰·达拉斯（Eneas Sweetland Dallas）探讨了烹饪云雀、鸽子和鸫鸟时，不先去除内脏的习惯，说有"一位古代作者"声称"云雀只吃小石子和沙粒，鸽子则嚼碎刺柏和芳香植物，而鸫鸟只吃空气"。按照这种说法，不言而喻地，吃它们的内脏应该毫无困难。

# /1878 年 /

法国食品第三部分：野松鸡

在爱德蒙·德·龚古尔 4 月 3 日的日记中，记录了埃米尔·左拉（Emile Zola）办的一次乔迁庆典："非常美味的晚餐，其中有一道松鸡，肉很香，都德（Daudet）将其比作在洁身盆里腌制的老妓女的肉。"

# /1879 年 /

珍妮特号鸡胸肉

美国海军珍妮特号（Jeannette）船，在乔治·W. 德朗（George

W. DeLong）中尉的指挥下，从旧金山启航，前往阿拉斯加和西伯利亚之间的白令海峡。德朗的想法是，一旦船到达北冰洋，它就会被冻结在海冰之中，一直漂向北极——德朗的最终目的地。在1881年6月之前，一切都按计划进行，但这时冰的挤压压破了船体，船员们被迫把他们自己和装备都卸载到冰上。第二天船就沉了。人们分为三组，开始向西伯利亚大陆长途跋涉。其中只有一组幸存下来。德朗并不在安全返回的那一组中间，他饿死在雅库茨克（Yakutsk）附近。

1884年6月，珍尼特号的残骸在格陵兰岛南端附近被发现，这启发了挪威探险家弗里乔夫·南森（Fridtjof Nansen），北极的海冰可能在源源不断地从西伯利亚海岸流向北美洲北极地区——他在1893—1896年期间的富勒姆号（Fram）探险中成功地证实了这一假说。

1892年，就在启航远征之前，南森在萨伏依（Savoy）期间遇到了著名大厨奥古斯特·埃斯科菲耶，而正是这次会面，加上珍妮特号的故事，启发了埃斯科菲耶创造出一道新菜：珍妮特号鸡胸肉（Suprêmes de Volaille Jeannette）。这道逼真的凉菜是水煮鸡肉薄片撒上龙蒿，并铺在鹅肝酱和鸡肉冻做成的底座上，整道菜包裹在雕刻好的冰块中，有点儿可怕。这道菜于1896年6月与世人见面，当时是为了庆祝南森在北极偏远的法兰士约瑟夫地群岛搁浅后，被一支英国探险队营救。


# /1880 年 /

## 不好喝的莱茵葡萄酒

在《浪迹海外》中，马克·吐温告诉我们"德国人都极其喜欢莱茵葡萄酒；它们装在高而细的瓶子里，并被认为是一种令人愉快的饮料。只有依靠标签才能把它们与醋区别开来"。

### 间接食人?

意大利探险家路易吉·达尔贝蒂（Luigi D'Albertis）出版了《新几内亚：我的所见与所为》（*New Guinea: What I Did and What I Saw*），其中描述了当他告诉他的两位探险家同伴，他们吃了一盘鳄鱼肉之后，他们如何地震惊。他们担心的是这条鳄鱼可能刚刚吃过人肉，这就使他们（以间接的方式）犯上了食人的罪行。达尔贝蒂设法平息他们的心情，坚持说这是一条小鳄鱼，不太可能已经品尝过禁果。

鳄鱼在新世界的亲属美洲鳄，在美国南方腹地有时会被煮在秋葵汤里。据说其味道像是比目鱼肉。

### 如何吃豌豆

一位匿名的"贵族成员"所著的《美好社会的礼仪与规则》（*Manners and Rules of Good Society*）一书建议，豌豆只能从叉子的凸起一侧吃。正如 W.S. 吉尔伯特（Gilbert）的《鲁迪戈》（*Ruddigore*，1887 年）中一位角色所说："用刀吃豌豆的人，我把他看做是一种迷失了的生灵。"


# /1884 年 /

### 得体

《基督是所有国度的渴望，我主比喻的注释》（*Christ the Desire of All Nations, Notes on the Parables of Our Lord*）及其他知识渊

博的虔诚作品的作者理查德·特兰奇（Richard Trench），由于健康不佳辞去了都柏林大主教的职务。一段时间之后，他受邀回到原来的居所，与继任者共进晚餐。由于忘记了自己不再是这里的主人，在用餐完毕后他转向妻子，用在场人士都能听到的声音说：亲爱的，雇佣这位厨师恐怕要算作你的过失。"

### 巴滕堡蛋糕

为了庆祝维多利亚女王的外孙女，黑森和莱茵河畔的维多利亚公主与巴腾堡（Battenberg）的路易斯亲王的婚事，人们发明了一种新式蛋糕。这种蛋糕在横断面上有四个正方形，两个粉红色和两个黄色方块交错排列。这些正方形分别代表巴腾堡的四位王子：路易斯、亚历山大、亨利和弗朗西斯·约瑟夫。路易斯亲王是爱丁堡公爵菲利普亲王[1]的外祖父，他在婚后搬到英国，在那里寻求到皇家海军中发展，并在1912年担任第一海务大臣（First Sea Lord）。不过随着第一次世界大战的爆发，反德情绪使得他不得不辞职，而且为了平息公众舆论，他把自己的姓氏也改为英国化的蒙巴顿（Mountbatten）。不过巴滕堡蛋糕的名字倒没有变化——不像德国吐司被改成了法国吐司（参见1346年），以及汉堡也变成了索尔兹伯里牛肉饼（Salisbury steak）。后者因营养学家J.H.索尔兹伯里博士（1823—1905年）而得名，他在美国内战期间曾建议军队以碎牛肉饼、洋葱和咖啡作为口粮。

### 炒金龟子幼虫

彼得·伦德·西蒙兹在1885年出版的《各个国家由动物界所取得的美味佳肴》中说，金龟子——一种因为破坏花园而遭到园

---

1 现在英国女王伊丽莎白二世的丈夫。——译者注

丁们痛恨的甲虫——的幼虫可以做成一道美味佳肴：

几年前，在巴黎库斯托扎（Custoza）咖啡馆举行了一场专门为了品尝白色幼虫或者叫金龟子蠕虫的盛大宴会。

看起来这种昆虫先是被浸泡在醋里，这样可以使其吐出吞下去的泥土等，不过仍然活着。

然后它被仔细地卷在面粉、牛奶和鸡蛋组成的面团中，放到平底锅里炸成浅浅的金黄色。

客人们可以用手指拿起这种香脆干燥的蠕虫。入口就会碎裂。有大约 50 人出席宴会，大多数人都能吃到第二份。

## /1886 年/

一种新的奢侈品

亨氏焗豆（Heinz Baked Beans）在英国的销售开始于伦敦高

档的福南梅森商店，在这里，它们被当成奢侈品出售。当时焗豆是在加拿大生产的，因此被当作外国进口品来推广。到第二次世界大战时，按照美国的“猪肉焗豆”传统，罐头里加了一片猪肉，然而随着配给制取消，猪肉就没有了，而且再也没有回来过（除了有一个品种里面有些小香肠）。

## /1888 年 /

### 中国炒杂碎

这一年，一道被西方人叫做杂碎（chop-suey）的中国菜首次在英语出版物——美国刊物《当代文学》（*Current Literature*）中被提及：“中国美食中一道主要的菜肴就是炒杂碎，是把鸡的肝和胗、蘑菇、竹笋、猪肚以及豆芽，与香料一起煮。”有一个传说，这道菜诞生在加利福尼亚，一位中国厨师面对着一间空空如也的储藏室和一群饥饿难忍的白人铁路工人（或是黄金矿工），他把找来的一些剩菜，全部炒在一起。这些客人吃后不但满足了，还很高兴，他们问厨师这道菜叫什么，据说他的回答就是“杂碎”，这个词的意思就是“零碎的东西”。到世纪之交时，这道菜已经被广泛地认为是原产于美国，但《罗切斯特快邮报》（*Rochester Post-Express*，一份纽约州的报纸）在 1904 年告诉它的读者们“一位纽约华商……解释说杂碎确实是一道美国菜，在中国无人知晓，可是却被美国人认为是中国的国菜。”实际上，广东农村就有一道传统菜叫杂碎，意思也是“混合的零碎”，是由中国南方的契约劳工于 19 世纪带到加利福尼亚州的。

## 论鉴赏

在《于松太太的贞洁少男》(Le Rosier de Madame Husson)中，居伊·德·莫泊桑(Guy de Maupassant)让他笔下的一个角色为美味的鉴赏辩护：

不能分辨小龙虾和龙虾，或者不能分辨鲱鱼这种囊括了海洋中各种不同鲜味和精华的伟大鱼类与鲭鱼或鳕鱼的区别的人，或是不能分辨威廉斯梨和公爵夫人梨的人，就相当于一个不能分辨巴尔扎克(Balzac)与欧仁·苏(Eugène Sue)、贝多芬交响曲与军乐队演奏的进行曲，或是不能分辨观景殿的阿波罗(Apollo Belvedere)与布兰芒(Blanmont)将军雕像的人。

# /1889 年/

## 淹没在啤酒中

德国哲学家弗里德里希·尼采(Friedrich Nietzsche)在《偶像的黄昏》(Twilight of the Idols)中公开批评他的国家淹没在啤酒之中：

近一千年来，这个民族却任意使自己变得愚蠢了，没有一个地方，欧洲两大麻醉剂——酒精和基督教——像在这里这样罪恶地被滥用。……在德国的智慧中有多少抑郁、拖沓、潮湿、昏昏欲睡，有多少啤酒！

## 玛格丽特比萨

1889 年 6 月，意大利王后玛格丽特(Margherita)访问那不勒斯，她急于尝试当地特色美食，便要求比萨制作者拉斐尔·埃斯波西托(Raffaele Esposito)拜访卡波迪蒙特(Capodimonte)王宫的厨房。埃斯波西托向王后提供了三种配方：一种使用油；一种使用银鱼；还有一种使用番茄，这种配方，埃斯波西托还添加了马苏里拉奶酪和一点罗勒——红色、白色和绿色正是新近统一的意大利国旗的颜色。王后喜欢最后一种配方，于是这种比萨适时地以她的名字命名了，而她的惠顾也有助于比萨饼在整个意大利更加受欢迎。在此之前，比萨饼与那不勒斯贫民窟的贫穷与肮脏是紧紧联系在一起的——即使是晚至 1886 年，创造《木偶奇遇记》（ *The Adventures of Pinocchio* ）的佛罗伦萨人卡洛·科洛迪（Carlo Collodi）仍然将比萨饼贬低为"油腻肮脏的拼凑物"。

# /1891 年 /

一出戏，一场暴乱以及一只龙虾

这年维克多连·萨尔杜（Victorien Sardou）的剧作《热月》（ *Thermidor* ，以法国共和历中的一个月份名字为名）在巴黎的法兰西剧院（Comédie-Française）首演。剧情设置在恐怖统治时期，讲述一位演员如何潜入公安委员会（Committee of Public Safety）销毁文件，拯救了许多可能的受害者。激进的共和党人听说这出戏批评了他们的英雄马克西米连·罗伯斯庇尔（Maximilien Robespierre），便涌向第二场演出，几乎造成一场暴乱，引起警察干预，并清空了剧场。政府随后禁止这部戏在任何国家赞助的场所上演。不过，《热月》却启发了一道新菜，其创造者，巴黎咖啡馆的主厨托尼·吉罗德（Tony Girod）就以之命名。这就是奢华的热月龙虾，是用蛋黄和干邑酒拌龙虾肉，再装进龙虾壳里，与一只在烤箱里烤至焦黄的奶酪面包壳一起上桌。

### 水与酒

在意大利烹饪的经典《厨房中的科学与美食的艺术》(*Science in the Kitchen and the Art of Eating*)中，佩莱格里诺·阿尔图西 (Pellegrino Artusi) 提供了以下建议：

一些卫生学家推荐你在整个午餐期间都喝水，直到最后才喝酒。如果你有勇气就照做吧，不过对我来说，这有点太过分了。

关于这个问题，G.K.切斯特顿曾在他的诗《酒与水》(1914年)中论及：

每当挪亚坐下用膳时，他总是告诉妻子，

"如果一滴水不进入到酒里，我就不在乎它去哪了。"

# /1892 年 /

### 麦丝卷的诞生

科罗拉多州丹佛市的亨利·D.佩基 (Henry D. Perky) 发明了麦丝卷 (Shredded Wheat)，这种早餐谷物食品已经成为一种标志——正如下面这首匿名短诗，名为《酒，女人与婚礼》所说的：

扫过鸡尾酒的眼光

是如此甜蜜

却仍然比不上对麦丝卷

那样深情。

美国喜剧演员弗雷德·艾伦 (Fred Allen) 还讲过一个故事，说有个男人梦见自己在吃麦丝卷，醒来时却发现他已经吃掉了一半的床垫。碰巧佩基也把自己的发明称为"我的小小全麦床垫"。

## /1893 年 /

### 番茄的身份

首席大法官梅尔维尔·韦斯顿·富勒（Melville Weston Fuller）领导下的美国最高法院被要求在一个关键问题上做出裁决。1893年，经过深思熟虑，最高法院裁定，番茄虽然在植物学术语上被称为水果，但是今后应该被视为一种蔬菜。

## /1896 年 /

### 为什么有 57 种变化?

在纽约乘坐高架火车时，H.J. 亨氏[1]被一家鞋店的招牌吸引了，上面写着该店提供"21 种款式"。他由此受到启发，为自己的公司想出了"57 种变化"的广告口号——即使在这时候，公司实际上的产品线已经比这个数字多得多了。亨氏选择 57 这个数字，主要是因为他喜欢它的发音，当然他选择 7 是因为"该数字的心理影响及其对所有年龄人士都具有长久意义"。

## /1897 年 /

### 豆泥的错误命名

或许就是因为一份马萨诸塞州的报纸犯了个错误，《洛厄尔太阳报》（Lowell Sun）把一道墨西哥菜 frijoles refritos 翻译成了"重复油炸的豆子"（refried beans，即豆泥），实际上 Refrito 的意思

---

1 著名的营养食品品牌。

是"精致的"。但是这一年的 12 月 4 日，《洛厄尔太阳报》的一位作者——和以后许多人一样——以为这个词的意思是"重复油炸"。从此以后这个错误再也没有纠正。

# /1898 年/

### 维诺妮卡鳎鱼

1898 年，为了庆祝安德烈·梅萨热（André Messager）的歌剧新作《维诺妮卡》（Véronique）在伦敦上演成功，著名主厨奥古斯特·埃斯科菲耶发明了一道新菜——维诺妮卡鳎鱼，其中包含一种细腻的白色葡萄酒汁和绿色葡萄：

把鳎鱼片卷起来，放在一个涂了少许黄油的煎锅里。

洒一些切碎的龙蒿，然后倒入几杯干白葡萄酒。把鱼片炖三四分钟，然后从锅中移到一只温暖的盘子里。

把锅里的汤汁倒出，剩余约 1/3，拌入一杯左右的奶油，再倒入面糊，同时不停搅拌，制成一种浓香滑腻的酱汁。

把鱼片放回平底锅，倒入酱汁，煎烤两三分钟，直到表面呈黄褐色。

上菜时点缀以去皮、切成两半并去籽的绿色葡萄。

关于这道菜的起源，另一种说法说是由一位巴黎丽兹酒店主厨马利（Malley）先生发明的，他自己想出了这个主意，并指导手下一位厨师做出来。这位年轻厨师做菜时听说自己的妻子刚生了一个女儿，当听说女孩命名为维诺妮卡时，马利先生就用她的名字命名了这道菜。

# /1899 年 /

## 洛克菲勒牡蛎

新奥尔良安托万（Antoine）餐厅创始人的儿子朱尔斯·阿尔恰托雷（Jules Alciatore）创造了一道菜，包含一种黄油酱裹着的牡蛎、西洋菜、菠菜、火葱、西芹、香草、红辣椒以及保乐酒。由于酱料十分丰富，因此这道菜就以当时美国最富有的人，石油大亨约翰·D. 洛克菲勒（Rockefeller）来命名。

## 关于吃几维鸟

几维鸟（kiwi）这种不会飞的鸟，已经成为新西兰的国家象征，尽管现在完全受到保护，但是在以前曾经遭到捕杀和食用，正如在查理·道格拉斯（Charlie Douglas）关于南韦斯特兰（South Westland）鸟类的专著（约 1899 年）中所描述的：

就在将要开始繁殖之前它们都长得很胖，吃起来很美味。不过我必须承认需要相当多的练习才能获得好的味道。它们有泥土的味道，很多人不喜欢。我听到过的对于烤或煮的几维鸟肉最好的说法，是有个人评论说，尝起来就好像在一口旧棺材里煮出来的猪肉。鸟蛋也有类似的味道……

几维鸟的蛋与其身体尺寸的比例是世界上所有鸟类中最大的——因而，正如道格拉斯告诉我们的："一只蛋正好做出一张完美的蛋饼，正好覆盖一整只煎锅。"

# 20 世纪

## / 约 1900 年 /

### 单爪龙虾

法国滑稽演员乔治·费多（George Feydeau）在一家昂贵的餐厅用餐时遇到了一只仅有一个爪子的龙虾，他被激怒了。当他向领班询问时，得到的回答是龙虾在水箱里发生了打斗。"那就给我那只胜利者！"他喊道。

## /1901 年 /

### 味觉图谬误

这一年德国科学家戴维·哈尼格（David Hänig）发表了一篇题为《味觉的心理物理学》（*Zur Psychophysik des Geschmackssinnes*）的论文。哈佛大学心理学家埃德温·G. 鲍林（Edwin G. Boring）在翻译这篇论文时给读者留下了误导性的印象，似乎甜、酸、苦和咸这几种"基础"味觉是各自在舌头上不同的位置被探测的。这随后就成了流行观点，著名的"味觉分布图"也被印在无数的教科书中。而最初的论文实际上说的是，舌头上各个区域的感受阈值水平存在微小的差异，但整个舌头都能感受到所有的味道。1985 年在夏威夷举行的首届国际鲜味研讨会上，第五种"基础"味道，鲜味（umami）——发酵的鱼露和谷氨酸钠的"肉"味——被科学界正式认可。

# /1903 年 /

## 侍者的复仇

芝加哥南州街（South State Street）上的孤星沙龙与棕榈花园餐厅于这年被关闭了，因为这家店的经理被控向他的客人的饮料里加水合氯醛——蒙汗药——以便他和同伙们能够掏走他们的钱包。经理的名字叫米奇·芬恩（Mickey Finn），所以如果你"走了一个米奇·芬恩"，意思就是你的饮料被下了药。

1918 年，孤星沙龙关门几年后，一桩臭名昭著的犯罪案件中用到了一种所谓"蒙汗药粉"，许多芝加哥侍者对他们认为给小费不够慷慨的客人使用了这种含有酒石酸锑钾（antimony and potassium tartrate）的药粉。受害者遭遇的症状有头痛、头晕和呕吐，可能有人因此死亡。有两人因为制造药粉而被捕，还有两位酒保因为在侍者工会总部销售药粉而受到起诉。

## 一位反猪肉主义者

威廉·T.哈利特（Hallett）出版了他的檄文——《恶毒的猪肉；或吃猪肉邪恶影响的惊人揭示》（*Pernicious Pork; or, Astounding Revelations of the Evil Effects of Eating Swine Flesh*）。在一篇引言中，一位署名为"S.G.C."的反猪肉同志发言直指当前的问题：

事实上，自从圣经时代以来，我们始终能听到针对吃猪肉危害的谆谆教诲。

古代的犹太人在食物以及服饰方面都讲究清洁，然而，直到这些书页面世的时候，猪肉的不卫生仍然没有得到充分的认识。

难怪古代的民族拒绝吃它，而现代文明允许其食用，实在令人惊叹。为什么没有出现强有力的意志，来谴责和警告这种可恶的做法呢？

难道我们不是生活在一个进步的时代？难道我们不是正在攀上社会进步和科学发展的阶梯？然而，一项如此致命的罪恶却被允许蓬勃发展，几乎没有一个反对的声音能够引起无辜和无知的受害者们的关注。

哈利特自己则引述圣经和众多的实例，其中包括一位年轻的女孩，她的手"由于吃了很多猪肉，伴随着肉汁"，而"如此习惯性地溃烂或化脓——尤其是手指和手掌，许多皱褶中都有开放的裂口——已然成为一种最可怕的病痛"。然后还有作者认识的其他家庭的孩子，也由于相同的原因，"几乎全身各处都感染了发疹溃烂，流脓、破裂又生痂，溃烂的速度和痊愈的一样快，而且不等痊愈，邻近的地方又发病了"。还有一位贪食猪肉的农场主，生出了四名高大魁梧的儿子，每个人最后在一天劳作之后，都要喝上不是一杯，而是两杯威士忌："这足以证明如果父辈养成了沉溺于不洁食物的终身习惯的话，后代身上就会留下恶劣的影响，也就是显然源自天生的贪杯好酒。"

## 圣经蛋糕

在 1903 年版的《实用厨艺》（*Practical Cookery*）中，艾米·阿特金森（Amy Atkinson）和格蕾丝·霍尔罗伊德（Grace Holroyd）

提供了下面的"圣经蛋糕"配方。相关的圣经文字是为了不够虔诚的人理解方便而插入的。

4 又 1/2 杯列王纪上 4：22[1]

"所罗门每日所用的食物，细面三十歌珥……"

1 又 1/2 杯士师记 5：25

"……用宝贵的盘子，给他奶油。"

2 杯耶利米书 6：20

"……从远方出的甘蔗奉来给我有何益呢？"

2 杯撒母耳记上 25：18

"亚比该急忙将……一百葡萄饼……"

2 杯那鸿书 3：12

"你一切保障必像无花果树上初熟的无花果。若一摇撼，就落在想吃之人的口中。"

1 杯民数记 17：8

"……谁知，利未族亚伦的杖已经发了芽、生了花苞、开了花、结了熟杏。"

2 汤匙撒母耳记上 14：25

"众民进入树林，见有蜜在地上。"

依口味加入历代志下 9：9

"于是示巴女王将……极多的香料送给所罗门王。他送给王的香料，以后再没有这样的。"

6 杯耶利米书 17：11

"好像鹧鸪菢不是自己下的蛋……"

1 撮利未记 2：13

"……一切的供物都要配盐而献。"

---

1 圣经译文采用和合本。——译者注

1 杯士师记 4：19 最后一句

"雅亿就打开皮袋、给他奶子喝……"

3 茶匙阿摩司书 4：5

"任你们献有酵的感谢祭……"

按照所罗门打造好小伙子的处方，你就会得到一只好吃的蛋糕，参见箴言 23：14

"你要用杖打他，就可以救他的灵魂免下阴间。"


# /1904 年 /

## 最早的冰激凌蛋卷

对于第一只食用的冰激凌蛋卷的发明，虽然有几种互相冲突的说法，但其中最有趣的版本则归功于一位叙利亚裔美国人欧内斯特·A. 哈姆维（Ernest A. Hamwi），在 1904 年的圣路易斯世界博览会上，他帮助隔壁摊位用完了碟子的冰激凌摊主，用他自己的名叫 zalabia 的波斯风格煎饼卷成筒状，来盛装冰激凌卖给大量顾客，并大获好评。


# /1905 年 /

## 第一支冰棒

这年冬天的一个晚上，旧金山一位名叫弗兰克·爱普森（Frank Epperson）的 11 岁小孩在他的父母家门廊里留下了一只杯子，里面装着水和调味粉的混合物，还有一根搅拌棒。那天晚上北加利福尼亚州的气温骤降，第二天早晨，小弗兰克发现他创造出了一块冰冻的棒棒糖。1923 年，他开始销售他的发明——他用自己的名字 Epsicle 来命名——下一年他为此申请了专利。在他的孩子的坚决要求下，他将品牌改成 Popsicle——这个品牌现在由联合利华（Unilever）公司持有。

## 一项预测

T. 巴伦·罗素（T. Baron Russell）在他的书《此后一百年》（*A Hundred Years Hence*）中提出了下面的预言：

像食用动物的肉这样的浪费食物行为是不可持续的，而即使不论道德上的必要性，仅仅是为了人类自己的生存，也应该放弃食用酒精。酒精所造成的直接和间接浪费，将使得含有酒精的饮料不再被人类所容忍。

## 论药棉三明治的功用

在《食物药用》（*Meals Medicinal*）一书中，W.T. 芬妮（Fernie）描述了一个病例，患者"在大海中游泳时被一个浪头打在脸上，意外地吞下了他的假牙"：

他得到的治疗是一种三明治，在每一层面包和黄油之间有一层薄薄的药棉；一周之后，在服用了一种温和的泻药之后，已经裹上药棉的这个牙科构造物，毫无困难地随着排泄物排了出来。

# /1906 年/

## 魔鬼的一些词条

安布罗斯·比尔斯（Ambrose Bierce）在他的《魔鬼词典》

（*Devil's Dictionary*）中提供了以下定义：

通心粉，名词。一种纤细、空心的管状意大利食品，它由两部分组成——管子和空洞，后者才是能消化的部分。

在 1911 年的《增广魔鬼词典》里，可以找到下面这些词条：

蛋奶冻，名词。母鸡、奶牛和厨师的恶毒阴谋所产生的可憎物质。

大黄，名词。胃疼的蔬菜本质。

## 神圣联盟雏鸡：国王范儿的大菜

在其著作《现代烹饪指南》（*Guide to Modern Cookery*，1907 年）中，著名的法国大厨及餐厅老板奥古斯特·埃斯科菲耶贡献出了极其豪华复杂的菜谱，也为他带来了"大厨之王，国王大厨"的称号。下面所摘录的指南也能够证明，这位作者同样也极其关注他的菜被端到食客面前时的仪轨。

埃斯科菲耶首先描述了雏鸡（新生或幼年母鸡）应该如何摆放在炖锅里，下面垫一层 matignon（切碎的胡萝卜、洋葱、芹菜心、生的瘦火腿肉、百里香和月桂叶，全部放在黄油中炖）。然后在鸡身上倒入融化的黄油，用低火烘烤，还要多次添加融化的黄油，直至肉质酥软。然后把鸡拿走清理干净，而已经入味的汤汁则与 matignon 一起煮沸，再滤净作为主菜的调味卤汁。与此同时，在黄油和马德拉白葡萄酒中加热十个上好的松露。随后真正的重头戏这才要开演……

当雏鸡清理好了以后，再根据食客的人数迅速煮熟相应数量的雀鸟（鹀或者其他小型鸟类），切好相应数量的鹅肝片并浸泡黄油，将这些与鸡一起端上桌，再配上前文所说的炖汁（poëling-liquor），过滤后装在船形调味汁碟中。

侍者领班应该与一组三位助手共同做好准备，他还应该在边柜上准备好一台很热的保温炉。鸡一送上来他就要迅速割下suprêmes（胸脯肉），切成片，把每一片都放到一片鹅肝切片上，而后者由1号助手在盘子里放好，旁边还加上一开始塞在鸡肚子里的松露。

然后盘子立即递给2号助手，由他加入雀鸟和一点果汁，随后3号助手立即把餐盘送到食客面前。

这道菜因而上得非常迅速，非常高明，赋予其与众不同的质感。


# /1909 年/

爱音乐爱美食第三部分：饥肠辘辘的女低音

奥地利（后移民美国）女低音歌唱家欧内斯汀·舒曼-海因克（Ernestine Schumann-Heink）在理查·施特劳斯的歌剧《厄勒克特拉》（*Elektra*）中创造了克吕泰涅斯特拉（Clytemnestra）这一角色。不论是舒曼-海因克还是施特劳斯对对方的艺术水平的评价都不怎么高，据说施特劳斯在排练期间告诉乐队说："演奏得再响一点，我还听得到舒曼-海因克女士的歌声！"而舒曼-海因克自己则以热爱美食著称。有个故事说某天晚上，意大利男高音歌唱家恩里科·卡鲁索（Enrico Caruso）在一家餐厅里碰巧遇到她独坐在一大块排骨前面。"你是和谁（什么）一起吃的，欧内斯汀？"卡鲁索问道。她回答："和土豆一起吃。"

指挥家汤玛斯·比彻姆爵士（Sir Thomas Beecham）也注意到

了旺盛食欲与美妙歌喉之间的联系。有一次，当被问到为什么总是选择丰满女士，而不是飞天仙女一样苗条的女性来饰演他的歌剧女主角时，他回答道："不幸的是，那些有着鸟儿般歌喉的女高音都拥有马儿的胃口——而且反之亦然。"

### 一个普鲁斯特时刻

马塞尔·普鲁斯特（Marcel Proust）从青年时期就开始写作，可是始终对自己的写作能力没有信心，直到经历了一场味觉的顿悟才发生了转变，正如他在最著名的小说第一卷《在斯万家那边》（*Swanns Way*，1913 年）中所描述的那样，大彻大悟的时刻出现在他品尝一块玛德琳蛋糕时——这是一种扇贝外壳形状带有柠檬味的小海绵蛋糕：

……回忆却突然出现了：那点心的滋味就是我在贡布雷（Combray）时某一个星期天早晨吃到过的"小玛德琳"的滋味……莱奥妮（Léonie）姨妈……把一块"小玛德琳"放到不知是茶叶泡的还是椴花泡的茶水中去浸过之后送给我吃。（摘自中译本）

这一体验为普鲁斯特打开一扇通往他自己过往的大门，他深入下去，写出了七卷本的巨著《追忆似水年华》（*À la recherche du temps perdu*，又译作《追寻逝去时光》）。

玛德琳蛋糕本身可能得名于一位名叫玛德琳·保罗密尔（Madeleine Paulmier）的 18 世纪法国面点师，不过这样一位人物到底是否曾经真实存在过，仍然存疑。此外，扇贝形状有可能象征基督教的朝圣者，因此这个名称也有可能来自抹大拉的玛丽亚（Mary Magdalene），即那位后来成为耶稣最初的追随者之一的妓女。

# /1911 年 /

### 一切都是为了一只牛奶布丁

斯莱德米尔别墅（Sledmere House），即塔顿·赛克斯爵士（Sir Tatton Sykes）在约克郡的乡间别墅，在一场灾难性的大火中烧得只剩一个骨架。当塔顿爵士最初注意到着火的时候，他正全神贯注于享用他最喜爱的牛奶布丁，而顾不上采取及时行动。

### 在荒岛上嚼鱿鱼止饥

定居意大利的英国作家诺曼·道格拉斯（Norman Douglas）在他的游记《塞壬之乡》（*Siren Land*）中，将鱿鱼描述为：

……一种反常的会动的墨水囊，与其他动物向前而行相反，它是倒着走的，它的肉可以在荒岛求生的时候用来抵抗饥饿，因为吃起来就像美国的口香糖一样，你可以一直嚼上几个月都咽不下去。

顺便说一下，据说道格拉斯的临终遗言是："让这些该死的修女滚开。"

# /1913 年 /

### 第一次扔蛋奶馅饼

人们通常认为是美国喜剧演员梅布尔·诺曼德（Mabel Normand）第一次在电影银幕上扔蛋奶馅饼的，当时她的目标可能是胖子阿巴克尔（Fatty Arbuckle）。阿巴克尔自己则成了扔蛋奶馅饼大师，观众们对于他能够同时向相反方向扔出两个馅饼的技

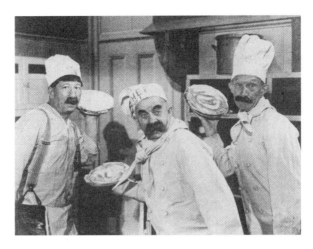

术叹为观止。很快，专业供货商就开发出电影中专用的饼底坚固，馅料超黏的馅饼，而好莱坞的导演们在银幕上的场景中总共飞了大约一千只馅饼。

## /1914 年 /

### 不应该浪费

第一次世界大战爆发时，波兰人类学家布罗尼斯拉夫·马林诺夫斯基（Bronislaw Malinowski）正在巴布亚（Papua）工作，作为奥匈帝国的臣民，也就是敌方人员，澳大利亚殖民当局给他两个选择：拘禁或者流放到巴布亚东北海岸的特罗布里恩群岛(Trobriand Islands）。他选择了后者，而正是在特罗布里恩群岛，马林诺夫斯基完成了一些他最重要的工作。他后来回忆说：

我曾与食人族中的一位老人对话，当他听说大战正席卷欧洲时，好奇地想知道我们怎么样才能吃掉这么多敌人的肉。我告诉他，欧洲人不吃被他们杀死的敌人，他惊恐万状地看着我，问道，我们怎么这么野蛮，毫无目的地杀人。

## /1919 年 /

### 一道混合菜的兴起

美国在这一年通过了禁酒令（Prohibition），禁止制造和出售酒精饮料。本着反叛的精神，这个国家的餐馆用含有少量禁忌物品的所谓"水果鸡尾酒"来满足客人的刺激需求，结果大受欢迎——还有同样看上去毫无害处的"虾鸡尾酒"。

禁酒令在美食上造成的另一个后果就是凯撒沙拉的发明。这道菜以意大利裔美国餐馆老板凯撒·卡狄尼（Caesar Cardini，1896—1956 年）的名字命名，他在禁令生效之前把餐馆搬到了墨西哥边境，这样他就可以向蜂拥而来的美国食客供应他们想要喝的任何东西了。有一年 7 月 4 日，来的顾客太多，他几乎耗尽了所有食材，为了给饥饿的食客果腹，他把能从储藏柜里找到的所有东西一股脑儿地拌在一起：莴苣、帕马森干酪、面包丁、鸡蛋、橄榄油、柠檬汁、黑胡椒和伍斯特郡酱汁。就这样，一个奇迹发生了。

美国禁酒令最终证明是无法执行的，而且几乎无法影响实际消费。禁令在 1933 年被取消。

## /1921 年 /

### 名人的口味喜好

在从事了一份每天 12 小时摘四季豆，一天赚一美元的暑假工作之后，未来的总统理查德·尼克松终生都极度厌恶蔬菜。

## /1922 年 /

### 关键区别

以下的对话发生在詹姆斯·乔伊斯的《尤利西斯》（*Ulysses*）中："当我冲茶（makes tea）时就真冲个茶来，像格罗根老妈妈说的那样，当我撒尿时（makes water）就真个撒尿……卡希尔太太搭腔了：您哪，看天主的份儿上，您可别把两种水都沏在一个壶儿里啦。"

### 法西斯主义饮食

墨索里尼的黑衫党在意大利上台了，他们试图在本民族的饮食习惯中添加斯巴达式的男子气概。英国人或许是"每天吃 5 顿的人"，美国人是"牛排文明"，但意大利人都应该立志超越他们对于"被喂肥"的痴迷。"领袖"本人坚持每个人每天在餐桌上花的时间不应该超过 10 分钟，他的御用传记作者则向人们讲述他如何每天的早餐和晚餐都只吃牛奶，午餐也十分清淡，只有一份肉、鱼或是蛋饼卷，伴有水煮的蔬菜。实际上，这位独裁者的饮食并不主要取决于意识形态，而主要是由于他成年时期始终患有胃 - 十二指肠溃疡。

## /1924 年 /

### 英国食品第四部分：荒凉与沉默寡言

捷克作家卡雷尔·恰佩克（Karel Čapek）在《英国信札》（*Letters from England*）中写道：

一家普通餐馆为普通英国人做的普通饭菜，在很大程度上解释了英国的荒凉与沉默寡言。没有人会在咀嚼着涂了恶魔一般的糟糕芥末酱的罐头牛肉时，还能眉开眼笑或高声歌唱。也没有人能在牙齿还跋涉在颤巍巍的木薯布丁中时欢声大笑。

# / 约 1925 年 /

## 不会便秘

20世纪20年代中期，在美国的健康狂热之中，一家富有进取精神的制造商推出了"蔬菜三明治"，包含脱水的芹菜、豌豆、胡萝卜和甘蓝，表面涂有巧克力。在包装上，毫不含糊地标着："不会便秘"。

## 菊花沙拉

在《高雅烹饪艺术》（*The Gentle Art of Cookery*，1925年）一书里，作者C.F.莱耶尔（Leyel）夫人和奥尔加·哈特利（Olga Hartley）小姐用一个章节来记录有关花的菜谱，如樱草布丁、玫瑰冰淇淋，以及金盏花煮蛋。下面是她们的菊花沙拉配方：

清洁和洗涤大约20朵从茎秆上采下的菊花。在加了盐的酸性水中焯一下；倒掉水，把花包在一块布中挤干。

把它们加入一份以土豆、洋蓟茎部、虾的尾巴和酸豆做成的沙拉中充分混合。

把所有食材放入一只沙拉碗中，用甜菜根和煮熟的鸡蛋做装饰。还可以向沙拉里添加一撮藏红花来调味。

暗黄色的菊花是最好的。在横滨的蔬果店里有卖已经处理好的花。

## /1926 年 /

### 明星的餐桌礼仪

电影明星和性感象征鲁道夫·瓦伦蒂诺（Rudolph Valentino）于本年 8 月 23 日死于阑尾炎和胃溃疡的并发症，而后者可能与他的饮食习惯有关。一天晚上，在与作家埃莉诺·格林（Elinor Glyn）和制片人杰西·L. 拉斯基（Jesse L. Lasky）共进晚餐时，据说瓦伦蒂诺吃了 5 道菜，不停地打嗝，吃光同伴剩下的饭菜，咕噜咕噜地喝自己盘子里的肉汤，还用一把勺子挖鼻孔。另一次，在伦敦的梅费尔（Mayfair）酒店用餐时，他显然抛弃了刀叉，用手指抓起所有的食物（包括蛋奶冻），然后用餐巾擤了擤鼻子，站起来放了个屁，并宣称："放出来比憋在里面强！"

## /1927 年 /

### 硕大的肥蛆

在《穿越美洲极地》（*Across Arctic America*）中，丹麦探险家和民族志学者克努兹·拉斯穆森（Knud Rasmussen）记录了他在1921—1924 年横贯大陆的过程中与一群因纽特人一起吃驯鹿肉的经历：

然后来了餐后点心；但是量太多了，我们根本吃不下。其中还包含马蝇幼虫，这些硕大的肥蛆就好像是刚刚从被他们猎杀的野兽的皮毛中捡拾出来的。它们在大浅盘子里蠕动着，就像一大罐鱼饵虫（用作鱼饵的蝇蛆），嚼起来还有一点令人恶心的响声，感觉好像在嚼蟑螂。

他的主人英格尤加尤克（Ingjugarjuk）注意到他的不适，就告诉他，如果他不吃幼虫也没有人会生气。"每个人"英格尤加尤克（Ingjugarjuk）安慰道，"都有各自不同的风俗习惯。"

# /1929 年 /

### 西班牙葡萄酒：硫黄味的尿

在一封从马略卡岛的帕尔马（Parma on Majorca，似应为 Palma）写给里斯·戴维斯（Rhys Davis）的信中，D.H. 劳伦斯（Lawrence）写道："天哪，西班牙的葡萄酒味道难闻，与香槟酒相比简直是猫尿，是一匹老马的硫黄味的尿。"

# /1930 年 /

### 胡佛猪

由于大萧条初期失业率飙升，得克萨斯州人在不景气的情况下降低要求，从一种被称为"穷人的猪"——犰狳身上获取营养。正如在整个美国都日渐扩张的棚户区被以任期内发生大萧条的总统名字命名，称为胡佛村一样，犰狳也被戏称为"胡佛猪"。

### 未来主义食物

该年 12 月 28 日，一种原始的法西斯主义艺术运动——名为未来主义——的创始人，意大利诗人和编辑菲利波·托马索·马里内蒂（Filippo Tommaso Marinetti），在都灵（Turin）报纸《人民公报》（*Gazzetta del Popolo*）上发表了他的《未来主义烹饪宣言》。宣言中最具争议的要求是废除面食，马里内蒂指责其造成怀疑主义、

倦怠、悲观主义、讽刺，甚至和平主义。虽然医学界倾向于同意，过多的面食会导致肥胖，但仍有许多意大利人被激怒，而作为意大利面食的精神家园，那不勒斯市长告诉一位记者"天堂里的天使只吃番茄细面条（vermicelli alpomodoro）"。马里内蒂反唇相讥说，这只能说明天堂是个多么无聊的地方。

马里内蒂还要求废除刀和叉，并要求创造满足眼睛，而不是为了满足味觉的雕塑食品。未来主义餐食应该在一个模拟的飞机座舱中食用，伴随着模拟的引擎振动，而紫外线灯将激活食物中的维生素。在他的《未来主义烹饪书》（Futurist Cookbook）中，马里内蒂还描写了一种"触觉餐"，其间用餐者身穿不同材质的睡衣，如海绵、软木、砂纸或毛毡等，吃的是填有意想不到的馅料的焦糖球，诸如生肉、巧克力、胡椒、香蕉和大蒜等。为了体验生、熟蔬菜制作的菜式的不同，他们必须把自己的脸埋到盘子里去感觉不同绿色蔬菜的质地。然后，当他们抬起头来咀嚼时，服务员向他们喷香水。

### 一份神圣口味的菜单

根据未来主义者马里内蒂的《未来主义烹饪宣言》（见 1930 年）的精神，1931 年，一家新的餐馆在都灵开业，这就是神圣口味酒馆（Taverna del Santopalato）。其菜单上所列的菜品构成了一种"脉动的铝制结构"，包含有：

直觉开胃菜

一只橘子，其中填有意大利香肠、黄油、醋渍蘑菇、凤尾鱼和生辣椒

赤道 + 北极

生鸡蛋黄构成的"赤道海洋"，其中升起一个圆锥形的蛋白脆饼岛屿，上盖切成飞机形状的松露

超级阳刚

这道菜仅供女性，其中含有公鸡的鸡冠和油炸的睾丸

唤起的猪

一条去皮的香肠垂直竖立在由意式特浓咖啡和古龙水构成的酱汁里

# /1933 年 /

### 企鹅蛋

莫迪（Mauduit）子爵发表了《厨房中的子爵》（*The Vicomte in the Kitchen*），其中包括下列关于企鹅蛋的观察："白中带绿……与火鸡蛋的大小相似，应在煮熟后放凉，拌沙拉吃。要完全煮熟，大约需要 3 刻钟；剥壳后，蛋白看起来像是淡绿色的果冻……其美味与其美貌不相上下。"他的另一个秘诀是把 6 便士的银币与

贻贝同煮。如果银币变黑的话，那么贻贝就应该扔进垃圾桶。

莫迪子爵乔治·德·莫迪·德·卡尔文（Georges de Mauduit de Kervern）生于1893年，他是一位拿破仑的将领的曾孙，这位将领曾跟随皇帝一同流放到圣赫勒拿岛（St Helena）。子爵自己在第一次世界大战中是一位空军飞行员，战后回到英国的家乡，并出版了4本烹饪书，最后一本是《这些无须配给》（*They Can't Ration These*，1940年），书中赞扬了享用可以免费获得的野生食物的乐趣，如松鼠、刺猬、白嘴鸦、麻雀、椋鸟、青蛙、荨麻、松子以及海蓬子等。子爵在法国沦陷时失踪。他有可能被纳粹俘虏，死在德国。

## 最佳下午茶

英国的下午茶传统，在阿伯丁（Aberdeen）展露得最为淋漓尽致，正如刘易斯·格拉锡克·吉本（Lewis Grassic Gibbon）在《苏格兰风情》（*Scottish Scene*，1934年）中所描述的：

饮茶是配有餐点的，其顺序如下：

首先吃鸡蛋、香肠和土豆泥；然后满满的第二盘来压下第一盘。

再吃涂黄油的燕麦饼，也要吃满满两大口。

然后吃伴有奶酪的燕麦饼。

然后还有英国松饼。

然后是曲奇饼。

然后才真正是开始喝茶的时候了——茶和面包、黄油、烤面饼、烤面包卷和蛋糕。

然后吃一些邓迪水果杏仁蛋糕。

随后，大约到了七点半左右，有人把你从昏睡中摇醒，富有说服力地问你要不要再来一杯茶，以及再来一只鸡蛋和香肠。

# /1934 年 /

## 南极的烹饪灾难

先驱飞行员和极地探险家，美国海军准将理查德·伯德(Richard Byrd)曾独自在南极度过 5 个冬季，运行一个气象站。尽管有过人的胆识和大量经验，但是面对厨房他显然难以驾驭，他在自己的书《南极洲历险记》(*Alone*)中描述了果冻如何像一只橡胶球一样反弹、他如何不得不用一把凿子从煎锅里把薄煎饼挖出来、他的菲力牛排如何最后"颜色深得像一只旧的马靴"。不过他最严重的失败，却是试图做一锅玉米面粥：

> 我把自以为适量的玉米面投进一口锅，加了一点水，把锅放在炉子上煮开。这一切制造出了一头多头怪物。这个东西开始膨胀又萎缩、膨胀又萎缩，发出吓人的吸气声音。我天真地往里加水，再加水，还加水。结果这口锅像维苏威火山一样爆发了。我伸手所及的所有锅碗瓢盆都装不下溢出的玉米粉了。它在炉子上流淌，喷溅到天花板，还把我从头到脚都盖住了。要是我没有果断行动的话，可能就被玉米面粥淹死了。我戴上手套抓住锅，跑向门口，用力远远地扔进食品储藏室。它在那里继续喷出金黄色的岩浆，直到寒冷最终使火山口平息下来。

# /1935 年 /

## 英国食品第五部分：如何不做卷心菜

在《酒与食物》(*Wine and Food*)中，维维恩·霍兰德(Vyvyan Holland，奥斯卡·王尔德的儿子)发表看法认为"英国几乎每一位女性都有能力写出一篇关于如何不烧卷心菜的权威性文章"。

15 年后，《每日镜报》（*Daily Mirror*）记者卡桑德拉（Cassandra，真名威廉·康纳（William Connor））热情洋溢地探讨这个主题：

> 英式煮卷心菜是这样一种东西，与之相比，从芬兰救捞品经销商手里买来，在冒黑烟的油炉上加热的清蒸粗新闻纸都算是精美的佳肴。英式煮卷心菜是比果阿被强拆的窝棚主人偷来，盖在卡拉奇贫民区鸡窝上的旧陆军毯子都不如的东西。

## /1937 年/

### 午餐肉罐头的诞生

美国荷美尔（Hormel）食品公司发布了午餐肉罐头（商标是 SPAM），这种罐装的肉制品含有剁碎的猪肘、火腿、盐、水、改性马铃薯淀粉和亚硝酸钠。在第二次世界大战期间，午餐肉发挥了关键作用，成为盟军的主要口粮：英军和红军每周一共要消耗约 1500 万个罐头。美国兵也用它们来果腹，他们把这种产品叫做"通不过体能测试的火腿"或是"未受过基本训练的肉卷"。午餐肉在美军活动过的一些太平洋岛屿仍然受到高度重视：例如，在冲绳传统菜 chanpuru 里面就用到午餐肉，而美国的第 50 个州有时将其称为"夏威夷排骨"。

大多数在北美销售的午餐肉在荷美尔的家乡明尼苏达州奥斯汀（Austin, Minnesota）生产（这里被称作"美国午餐肉城"）。城里不仅有午餐肉博物馆和每年一度 7 月 4 日举办的午餐肉大游行狂欢节，还有一家专业制作午餐肉菜肴的餐厅。

作为一个半开玩笑的致敬，大约 30 年来，得克萨斯州奥斯汀市每年都在愚人节这一天前后举办一场节庆，正式名称叫做吵闹的罐装猪肉节（Pandemonious Potted Pork Festival），俗称午餐肉节（Spamerama），在这个节日里的大型烹饪大赛上，数百名选手争相拿出最创新的午餐肉菜肴，从午餐肉冰激凌到午餐肉鳄梨酱（guacaspa mole），再到午餐肉叮咚（spamalama ding dong），这是午餐肉、掼奶油和巧克力的混合物。还要举行许多种与午餐肉有关的运动项目。不过总的来说，午餐肉仍然具有"穷人食品"的名声，在苏格兰，"午餐肉山谷"可以用来指任何外表光鲜、房子内部却有着贫困的现实的地方。

## 洋蓟之王的末日

这一年的 12 月 21 日，纽约市长菲奥雷洛·拉瓜迪亚（Fiorello La Guardia）禁止了洋蓟在这座城市里的销售、展示或拥有。这一举措是为了打破黑手党领袖，号称"洋蓟之王"的西罗·特拉诺瓦（Ciro Terranova）最后的残余势力，而他正是在 20 世纪之初依靠从加利福尼亚低价购进洋蓟，运到纽约销售获得高额利润，从而获得巨大权力和财富的。特拉诺瓦是莫雷洛（Morello）犯罪集团的主要成员，他已经获得了极度暴力的名声，全纽约的蔬菜水果商人都不得不向他支付高额的费用。不过，到了 20 世纪 30 年代，特拉诺瓦的气数已尽，在拉瓜迪亚的努力之下，他每次试图进入纽约，都会以流浪罪的名义逮捕。他于 1938 年 2 月死于一次中风，终年 49 岁。

还有一件无关的事情，1948 年，在加利福尼亚州卡斯特罗维尔（Castroville）举行的洋蓟节上选出了史上第一位洋蓟王后，名叫诺玛·简·贝克（Norma Jean Baker）——后来她以玛丽莲·梦露的名字闻名于世。

# /1940 年/

## 倡导食用青草

这一年5月2日，《泰晤士报》发表了署名为 J.R.B. 布兰森（Branson）的一封信，急切地贡献了他对支援战争的建议：

先生，鉴于巴罗（Barrow）夫人的来信中所显示的观点，我希望你们能够给我一个表达的空间，让我倡导大家一起来食用青草，我自己已经吃了三年多，是从多户人家的草坪上割来的。例如，我现在正在吃的草就来自米切姆公共绿地（Mitcham Common）里的高尔夫果岭。我从来没有患过荨麻疹或任何一种巴罗夫人提到过的症状。我的许多马匹也没有发生任何问题，我把割来的草也喂给它们，是新鲜割下的，并且清除了石子等杂质。我自己吃的时候，也是仔细洗净的。

更主流的建议则是从可利用的食物中获取最大的营养价值，正如下面这段经常广播的劝诫口号所说：

那些决心取胜的人
连皮煮土豆
因为他们知道，削皮的浪费景象
深深地伤害了伍尔顿（Woolton）爵士的感情。

（伍尔顿爵士是英国战时的食物大臣。）

## 捍卫法国的荣耀：第一部分

6月，巴黎的顶级餐厅之一，银塔餐厅（La Tour D'Argent，据说创办于1582年）设法用砌砖隐藏最好的酒这一招来保护其著名的葡萄酒窖不被占领法国首都的饥渴德国士兵发现。这一酒窖至今仍然广受崇敬，2009 年其中的 45 万瓶酒估值 2500 万欧元，餐厅厚达 400 页的酒单能够向食客提供 15000 种不同的酒。

### 捍卫法国的荣耀：第二部分

为了回应亲德国政府的贝当（Pétain）元帅在维希（Vichy）温泉小城建立伪政权，国外的法国厨师想到给一道夏季的冷汤维希冷汤（vichyssoise）改名来显示他们的爱国情怀：他们把它叫做高卢奶油汤（crème gauloise）。不过这个新名字没有流行起来。

### 爱音乐和爱美食第四部分：泰特拉齐尼

意大利女高音路易莎·泰特拉齐尼（Luisa Tetrazzini）死于该年 4 月 28 日。她也以热爱美食而闻名，她曾在成年后公开宣布说："我也许老了，也许胖了，但我仍然是泰特拉齐尼。"有一个故事，说一天在《茶花女》中扮演维奥莱塔（Violetta）演唱之前，她与恩里科·卡鲁索共进了一顿丰盛的午餐。几个小时后，在舞台上，当需要扮演阿尔弗雷多（Alfredo）的男高音约翰·麦科马克（John McCormack）将垂死的维奥莱塔抱在怀里的时候，他发现几乎难以做到。他后来回忆说感到好像在爱抚一对汽车轮胎——因为泰特拉齐尼午餐吃得过多，脱掉了胸衣。麦科马克的狼狈相引起泰特拉齐尼咯咯地笑起来，这感染了麦科马克——而观众则惊得目瞪口呆。

而同样名为泰特拉齐尼[1]的美国菜——黄油、奶油、葡萄酒和帕马森干酪混合的酱汁与鸡丁或海鲜，蘑菇和杏仁，配以意大利面——正是以她的名字命名。这道菜被认为于 1910 年左右由欧内斯特·阿伯加斯特（Ernest Arbogast）发明，他是泰特拉齐尼长期

---

1 为奶酪蘑菇面。——译者注

居住的旧金山皇宫酒店的主厨。

### 假鱼肉

第二次世界大战期间英国的粮食短缺和配给，相当程度地激发了该国烹饪作家们的聪明才智。下面的食谱来自安布罗斯·希思（Ambrose Heath）出版于 1941 年的《厨房战线菜谱续编》（*More Kitchen Front Recipes*）：

取半品脱牛奶煮开，当它沸腾时，撒入 2 盎司米粉，加入一茶匙切碎的洋葱或韭葱、一片小核桃大小的人造黄油，以及凤尾鱼精以调味。

文火炖煮 20 分钟，然后把锅从炉灶上取下，拌入打散的鸡蛋。

充分搅拌，然后把混合物倾倒在一只扁平的盘子里：应该有大约半英寸厚。

待冷却后，切成鱼肉片的大小和形状，刷一些牛奶，在面包屑中滚过，油炸至金黄色。上桌时配以西芹酱。

# /1941 年 /

### 以科学的名义

纳粹入侵苏联后，圣彼得堡（当时称为列宁格勒）附近巴甫洛夫斯克（Pavlovsk）的农业实验站落入德军手中。幸运的是，这一时期苏联科学家已经设法将实验站中大量和独特的块茎及种子收藏标本转移到列宁格勒市内。随后城市经历了可怕的 872 天纳粹围城。

被围困的第一个冬天，每天的口粮只有 125 克（合 4.5 盎司）面包，其中一半以上还含有木屑。到了下一个冬天，城里任何地方都看不到鸟、老鼠或宠物了。忍饥挨饿的公民试图用丁香调味的煮猫内脏来代替牛奶。据说工厂里的工人喝机油，吃机器轴承的润滑脂。甚至有谣言说，那些刚下葬的死者会在黎明前被挖出来。

围城直到 1944 年才解除，在这段时间里牺牲了 100 万平民，其中绝大多数死于饥饿。遇难者中有 12 位看管巴甫洛夫斯克站收藏的科学家，他们宁愿饿死也不吃自己照看的种子和块茎，因为他们认为这属于全人类。

巴甫洛夫斯克实验站至今仍然具有全球重要性，其中收藏着超过 5000 个品种的种子，特别是草莓、黑加仑、鹅莓、苹果和樱桃。然而 2010 年，实验站受到了一家想在这块土地上营建商品房的房地产开发商的威胁。开发商辩称实验站的收藏"毫无价值"，它完全不值钱。俄罗斯政府的联邦住宅房地产开发基金（FFRRED）宣称这里的收藏从未登记注册，因此并不正式存在，这为此事增添了卡夫卡式的荒谬性。

## 任何时候都适合喝香槟

在丈夫雅克·布林格（Jacques Bollinger）死后，莉莉·布林格（Lilly Bollinger）接过了家族生意，并在直到 1977 年去世之前成为了一位孜孜不倦的产品形象大使。"当我高兴时就喝香槟，"她说，"不高兴时也喝。有时我一个人喝，而有同伴时就更有理由喝了。不饿的时候稍稍小酌，饥饿的时候喝一杯垫饥。在其他时候就不碰香槟了——除非感到口渴。"其实早在一个半世纪以前，拿破仑皇帝就曾更加简洁地宣称："胜利时，香槟是你应得的奖赏；失败时则是你必须的慰藉。"

## 40 箱酒的战争

听到日本偷袭珍珠港的消息,嗜酒如命的美国喜剧演员 W.C.菲尔兹(Fields)拿起电话订购了 40 箱杜松子酒。当时正好拜访菲尔兹的约翰·巴里莫尔(John Barrymore)问他:"你确定这些足够了吗?""当然,"菲尔兹回答说,"我估计这场战争是短暂的。"另一次,被问及为什么从来不喝水时,菲尔兹答道:"鱼在里面交配呢。"

# /1943 年/

## 希特韦尔蛋

乔治·里尔斯比·希特韦尔爵士,第四代雷尼绍从男爵(Sir George Reresby Sitwell, 4th Baronet of Renishaw),于本年 7 月 9 日去世。希特韦尔拥有与他著名的儿女伊迪丝(Edith)、奥斯伯特(Osbert)和萨谢弗雷尔(Sacheverell)相同的怪癖,不过并不具备他们的文才。他随心所欲地写作,产生了诸如《麻风病人的斜视》、《橡子作为中世纪食品》以及《叉子的历史》这样的作品,还有一本指出爱因斯坦的广义相对论中谬误的小册子。他的发明包括一种音乐牙刷、一把用来射击马蜂的小手枪,以及"希特韦尔蛋"。这最后一项是一种不含鸡蛋的人造蛋,有着大米做的蛋白、烟熏肉做的蛋黄和合成石灰的蛋壳,其目的是当作旅行者的食物。为此,他不打招呼就出现在牛津街著名的百货商店老板戈登·塞尔福里奇(Gordon Selfridge)爵士的办公室里,头戴大礼帽,身穿长礼服,这虽然使他得以进入办公室,却没能赢来戈登爵士的合同。乔治爵士在自己雷尼绍住宅的门厅里竖立着一份告示,上面写着"我请求任何进入本宅的人员绝不要与我发生任何争执,因为这样会干扰胃液的功能，使我在晚间失眠”。

# /1944 年 /

### 公爵节食记

6 月 24 日，《纽约客》（*The New Yorker*）杂志刊载了如下对于著名的乐队领班艾灵顿公爵（Duke Ellington）的饮食习惯的描写：

艾灵顿公爵总在为保持体重而担忧，他宣称自己除了麦丝卷和红茶以外什么都不吃。而当点的食物送上来时，他就闷闷不乐地看看，然后低下头去祈祷。在吃完小吃后，他注视着斯特雷霍恩（作曲家和编曲家比利·斯特雷霍恩（Billy Strayhorn），艾灵顿公爵的长期合作者）吃一块牛排，向善决心的表达渐渐让步给欲望。公爵不暴饮暴食的决心总是在这时崩溃。这时他会点一份牛排，在吃完之后，他又陷入另一次道德挣扎，大约 5 分钟后他才开始真正地吃饭。吃掉又一块牛排，上面盖满洋葱，一个双份的炸土豆、一份沙拉、一碗番茄片、一只浇着融化黄油的巨大龙虾、咖啡，以及一份艾灵顿甜品——可能是馅饼、蛋糕、冰淇淋、蛋奶冻、油酥糕点、果冻、水果和奶酪的组合。食欲受到了刺激，他又会再点火腿和鸡蛋、半打煎饼、华夫饼加糖浆，以及一些热的饼干。随后，决心继续节食的他，最后会像开始时一样，吃麦丝卷和红茶。

# /1945 年 /

### 微波炉的意外发明

一位名叫珀西·斯宾塞（Percy Spencer）的美国工程师在为雷

神（Raytheon）公司建造雷达装置时，有一天注意到自己口袋里的巧克力棒都融化了——他正确地将此归因于他正在调试的雷达装置所发出的微波辐射——高频电场的加热效应已经在 20 世纪 30 年代被确认了。斯宾塞继续用雷达装置来做爆米花，然后又煮熟了一只鸡蛋，鸡蛋还在他的一位同事面前爆炸。随后他制作了一个特殊的金属盒子来集中微波能量，同年雷神公司为这个装置申请了专利。第一批商用微波炉在 1947 年开始销售。它们有将近 6 英尺（1.8 米）高，重达 750 磅（340 千克），售价为 5000 美元。

### 河狸尾巴

在《烹饪野生猎物》（*Cooking Wild Game*）中，弗兰克·G. 阿什布鲁克（Frank G. Ashbrook）和埃德娜·N. 萨特尔（Edna N. Sater）绘声绘色地描述了河狸的尾巴和肝脏：

尾巴是肥美的组织，煮熟后油腻适口，早期的猎人和探险者们特别喜爱。肝脏较大，几乎像鸡肝和鹅肝一样柔软甜美。身体的肉有很重的荤腥气味，但如果妥善处理和烹调之后还是很好的，捕猎者们在众多猎物中，一般首选它们，即使是在早期，当野牛、麋鹿和鹿都很丰富的时代也是如此。

显然美洲原住民会用烟熏河狸肉，来消除腥味。

# /1946 年 /

### 处理账单的方式

滑稽艺人吉普赛·罗斯·李（Gypsy Rose Lee）在《读者文摘》（*Reader's Digest*）上讲述了以下的故事："我有一次与格劳乔·马

克思（Groucho Marx）共进午餐，这是一顿盛大的午餐，有水龟和大罐的葡萄酒。当收到账单时，他像一位银行检查员一样认真地检查，算了三四次总和数字，然后洒上糖把账单吃掉了。"

# /1948 年 /

### 论美国菜至上

美国餐厅评论家邓肯·海恩斯（Duncan Hines）在周游欧洲之后回到美国，宣称美国烹饪才是世界上最好的。这个惊人的结论可能是受到了欧洲正在从第二次世界大战的破坏中恢复，许多食材都仍然稀缺或完全没有这一事实的影响。

相反的观点由法国葡萄酒和美食大师安德烈·西蒙（André Simon）提出，20 世纪 30 年代，他频繁地访问美国，并在他创办的《饮食》（*Food and Drink*）杂志中写道：

> 普通美国人可能比世界任何其他国家的普通公民花费更多的钱在食物和饮料上，但是其营养状况肯定不如欧洲任何地方的普通农民阶级，更不用说法国的小资产阶级。他们的收入可能只有纽约一位开电梯小伙计的一半，但是吃得远远胜过一位资产百万的芝加哥肉类加工商。

### 我全部的圣诞节心愿

华盛顿特区的一家广播电台给城里的各国大使打电话，问他们想要什么圣诞礼物，然后将在下一周播送收到的回复。法国大使选择了世界和平，而苏联公使想要的是"所有被帝国主义奴役的人民获得自由"。"非常感谢您的询问，"英国大使奥利弗·弗兰克斯（Oliver Franks）爵士并不知道他的同行们的答案，他说：
"我很想要一盒水果蜜饯。"

# /1949 年/

## 赞美马提尼（Martini）鸡尾酒

在《哈泼斯杂志》（*Harper's Magazine*）上，美国历史学家伯纳德·德沃托（Bernard De Voto）写到了美国最受欢迎的鸡尾酒：

你无法在冰箱里存放一杯马提尼酒，就好比你不能在里面保存一个吻。杜松子酒和苦艾酒最适当的结合……是地球上最幸福的婚姻之一，也是最短暂的。

H.L. 孟肯（Mencken）将马提尼称为"美国人发明的唯一像十四行诗一样完美的事物"，而对 E.B. 怀特（White）而言，它是"获得安宁的灵丹妙药"。其他人则盛赞效力，如下面的佚名短诗所说：

"我爱马提尼，"梅布尔说，
"但是最多只能喝两杯。
喝了三杯，我就躺在桌子底下，
喝了四杯，我就躺在主人身下。"

多年来，杜松子酒相对于苦艾酒的比例一直都在稳步增加，在"冷战"最紧张的时期，苏联领导人赫鲁晓夫曾说马提尼酒是美国"最致命的武器"。

# /1950 年 /

### 粉红色

古怪的英国作曲家、画家、作家和唯美主义者，第 14 代伯纳斯男爵杰拉尔德·休·蒂里特 - 威尔逊（Gerald Hugh Tyrwhitt-Wilson, 14th Baron Berners），死于本年 4 月 19 日。在他位于牛津郡法林登（Faringdon, Oxfordshire）的宅邸中，他会用限制于一种特定颜色的饭菜来招待客人。例如，如果这一天感觉喜欢粉红色，伯纳斯男爵会把午餐菜单安排成先上甜菜汤，随后是龙虾、西红柿和草莓，而外面他会安排一群专门染成粉红色的鸽子飞过窗前。

# /1951 年 /

### 太多种奶酪

夏尔·戴高乐（Charles de Gaulle）将军对自己的祖国感到绝望，他叹息道："你该如何统治一个有 246 种奶酪的国家呢？"

### 蜜蚁

F. S. 博登海默（Bodenheimer）在他的杰作《作为人类食物的昆虫》（*Insects as Human Food*）中，生动地描述了一种特殊的澳大利亚蚂蚁，其中一部分工蚁会发生改变，它们极度肿大的腹部成为储蜜仓库，显然是"在一年中的贫瘠季节提供整个群落的需求，就好像活着的酒桶，可以在需要时放出存储物"。这些蜜蚁是原住民的一种美味佳肴：

> 当一位原住民打算享用蜜汁时，他会握住一只蚂蚁的头，把

肿大的腹部放在他的嘴唇中间，把其中的内容物挤到嘴里咽下去。至于口味，嘴巴首先感觉到的是蚁酸清晰的针刺感，这无疑来自蚂蚁出于自卫的分泌物。不过这既很轻微又很短暂；一旦蚂蚁的身体被挤破，随之而来的就是蜜汁的浓郁美味。

## /1952 年 /

### 用赛璐珞比拟头足纲动物

亚瑟·格林布尔（Arthur Grimble）出版了《群岛的格局》（*A Pattern of Islands*），这是一本关于他在南太平洋吉尔伯特群岛（Gilbert Islands，现在属于基里巴斯（Kiribati））担任地区官员时期的回忆录。其中，作者告诉我们岛民捕捉章鱼的方法：潜水者跳入水中，咬住这种动物的两眼之间，直到它死掉。一旦抓住章鱼，就要放在地上不停地敲打，使其肉质变嫩。D.H. 劳伦斯曾抱怨说即使经过这样的处理，这种头足纲动物仍然具有"水煮赛璐珞的质地"（《大海与撒丁岛》（*Sea and Sardinia*），1921 年）。而诺埃尔·科沃德（Noël Coward）则吐露说："我吃过章鱼——或是鱿鱼，我从来分不清其中的区别——但是从来没有全心全意享受过，因为对于热的天然橡胶的味道没有什么兴趣。"

## /1953 年 /

### 哼，骗子：火鸡对鹅

这一年 12 月 24 日，《每日镜报》的专栏作者卡桑德拉（威廉·康纳）曾经这样说英国数百万只第二天将要被吃掉的火鸡：

火鸡是一场多么令人震惊的骗局。活着时是古怪和无礼的——它们为了吓跑你而发出的那种愚蠢的噪声！死了以后——味同嚼蜡。火鸡基本上没有味道，除了一种干燥的纤维的味道，令人想起加热的熟石膏与马毛的混合物。其质地就好像湿的锯末，而这整只巨大的插满羽毛的骗局带有煮熟的床垫的辛辣味道。

当然，在狄更斯的时代，是鹅而不是火鸡来为圣诞的餐桌增光：

这么肥美的烤鹅可真是少见，连鲍勃都赞不绝口，称其肉质鲜嫩，价廉物美。这么大一只鹅，再配上一些土豆泥和苹果酱，全家人一起享用应该是绰绰有余了。最后，当克拉奇太太认真看了看盘子里还剩下的一点鹅骨头后，高兴地感叹说终究还是没有全部吃。不过每个人都吃得非常开心，非常尽兴，尤其是那几个小家伙，甚至吃得眉毛上都粘上了洋葱和调料。

——查尔斯·狄更斯，《圣诞颂歌》
（*Charles Dickens, A Christmas Carol*，1843 年，王潆译本）

并不是每个人都对一只鹅喂饱全家的能力给予高度评价：

鹅是一种尴尬的鸟——一个人吃太多，两个人吃又不够。

——查尔斯·H.普尔，
《斯塔福德县古语及地方用语词汇表初稿》（1880 年）

# /1956 年 /

### 无酵饼丸子

玛丽莲·梦露在她的新任丈夫阿瑟·米勒（Arthur Miller）的父母家用餐时，得到了一份无酵饼丸子（matzoh balls）。根据口头传说，她的回答是："无酵饼不是还有可以吃的另一部分吗？"

# /1957 年/

## 对我的出版商来说太好了

法国作家、导演、演员和制片人伊夫·米兰德（Yves Mirande）于该年 3 月 20 日去世。A. J. 列布林（Liebling）的书《两餐之间》（*Between Meals*，1962 年）这样描述米兰德的惊人胃口：

米兰德先生会在圣奥古斯丁街（Rue Saint-Augustin）上餐厅里让他的法国和美国晚辈们惊叹不已，他能够风卷残云般地消灭午餐，有生的巴约纳火腿和新鲜无花果、饼皮包热香肠、梭子鱼块伴浓玫瑰楠蒂阿酱、一条羊腿嵌凤尾鱼、鹅肝酱插洋蓟，以及四五种奶酪，还有一大瓶波尔多葡萄酒和一瓶香槟酒，在此之后他会要雅文邑白兰地酒（Armagnac），并且提醒老板娘为晚餐准备好她答应过的云雀和嵩雀，还有一些龙虾和比目鱼——当然还有一道用野猪仔（marcassin）做的精致炖菜，是他正在制作的影片的女主角的情人从他在索洛涅（Sologne）的庄园送来的。"我想起来，"我曾听到他这么说："我们好几天没吃鹬鸟了，也没吃过炉灰烤的松露，酒窖也让我脸上无光——34 年的酒全没了，37 年的也没多少。上周，我不得不给我的出版商一瓶对他来说太高级的酒，就因为在介于会得罪人的低级和最高级之间的层次上，一瓶酒都没有了。"

## 作为食物的泥土

位于乌干达金贾（Jinja, Uganda）的东非渔业研究组织（East African Fisheries Research Organization）负责人罗伯特·比彻姆（Robert Beauchamp）建议，可以把维多利亚湖（Lake Victoria）底部的泥土当作有价值的食物来饲养猪和家禽——甚至给人吃。他已经分析了这些泥土，结果显示其中含有丰富的营养，并且宣布他和他的家人及朋友发现这是完全可以接受的一道菜。

## /1962 年 /

### 太空食品

这一年 2 月 20 日，当约翰·格伦（John Glenn）乘坐友谊 7 号飞船，成为美国第一个环绕地球的人时，他也成为第一个在太空中吃东西的人：他吃了一管苹果泥。太空食品必须小心地包装和食用。当约翰·杨（John Young）和加斯·格里森（Gus Grissom）在 1965 年 3 月乘坐双子座 3 号飞船，完成首次双人航天飞行返回后，前者受到严厉斥责，因为他偷带一份咸牛肉三明治上飞船，其碎屑在零重力条件下，可能会干扰飞船上灵敏的仪器。杨感到加倍的委屈，因为是格里森吃了那只三明治。

## /1963 年 /

### 西班牙食品：从来不怎么样

在当年 11 月 23 日的《观察者》（Spectator）上，英国小说家金斯利·艾米斯（Kingsley Amis）是这样评价西班牙食品的：

这顿饭当然是糟糕的。它以呆滞的海鲜开始，继之以坚硬得可笑的小牛肉或是其他什么东西，全部用极差的葡萄酒冲下肚去。在我的经验中，西班牙食物和饮料从来就不怎么样，不过从前你还能指望单纯的食品，如西红柿、洋葱、橄榄、橙子和本地红酒，可是现在不行了，面包也完了。我敢说，你能始终信任的只有土豆、罐头水果、冰淇淋和雪利酒，还有可口可乐。

## /1967 年 /

土豆依赖

"从一个丹麦人手里夺走煮土豆，"尼卡·黑泽尔顿（Nika Hazelton）在《丹麦烹饪》（*Danish Cooking*）一书中写道："就像从婴儿手里夺走奶瓶一样残忍。"

## /1970 年 /

死不带走

酒商、美食家和作家安德烈·西蒙于本年9月5日去世。他曾说："如果一个人死的时候酒窖里还有酒剩下，那他就死得太早了。"西蒙终年93岁，他的酒窖里只留下了两大瓶干红葡萄酒。

## /1976 年 /

英国食物第六部分：饲用甜菜与板油

在《国民讽刺》（*National Lampoon*）中，托尼·亨德拉（Tony Hendra）指出：

自从远古以来，英国人就背负着产生不出任何味道强过饲用甜菜和板油的食物的这样一种压力，不得不进口任何能待在肚子里超过10秒的食材。

他对于丹麦人在厨房里的表现没有多少奉承："还有谁会有这样的幽默感，把李子和皮屑塞进湿面团，就当作早餐给你送来了？"

## 法国食品第四部分：人脚气味的奶酪

在《国民讽刺》里对"世界各地的外国人"的评述中，P. J. 奥罗克（O'Rourke）称法国人是"十足的懦夫，强迫他们自己的孩子喝酒……矮小的胆小鬼，吃蜗牛和蛞蝓，还有人脚气味的奶酪"。说到蜗牛，奥罗克的美国同胞猪小姐皮吉曾告诉《猪小姐皮吉的人生指南》（*Miss Piggy's Guide to Life*，1981 年）："我觉得这道菜有点儿令我困扰，不过酱汁却是绝妙非凡。所以我的办法是点了焗蜗牛，然后告诉他们留下蜗牛。"

## 南非风味油炸蝗虫

路易斯·C.莱波尔特（Louis C. Leipoldt），在他的《莱波尔特的开普省烹饪》（*Leipoldt's Cape Cookery*，1976 年）中，提供了以下的油炸蝗虫菜谱：

先把它们投入沸水，人道地杀死它们，然后掐掉翅膀、头部和腿。

剩下的是胸部和腹部，美食家们只对这部分感兴趣。

洒上胡椒和盐的混合物（出于一些我从来都不能够理解的荒谬理由，有人会添加一点肉桂粉），在油脂中煎至呈棕色并松脆。

它们的味道比较接近银鱼，不过不知何故，其中充满了黄油烤面包的味道。


# /1977 年 /

## 南方食物

在她的丈夫就职之前，罗莎琳·卡特（Rosalynn Carter）问白宫主厨师，能否准备那种她和吉米（Jimmy）在佐治亚州家乡习惯的南方菜肴。"没问题，夫人，"大厨回答说，"我们已经给这里的仆役吃了很多年这种食物。"

## / 约 1980 年 /

### 鸡尾酒复兴

英国突然陷入一阵新鸡尾酒吧的风潮中，开启了撒切尔时代，有人听到一位心怀不满的格拉斯哥人如此抱怨："一边喝那种酒一边吃东西，最后只会呕吐。"

## /1981 年 /

### 如果你要去美国，带上你自己的食物

弗兰·莱布维茨（Fran Lebowitz）在她 1981 年的书《社会研究》（*Social Studies*）中写下了这句话。超过半个世纪之前，舞蹈家伊莎多拉·邓肯（Isadora Duncan）告诉采访者："我宁愿住在俄罗斯，吃黑面包，喝伏特加酒，也比住在美国最好的酒店里强。美国对于食物、爱或艺术都一无所知。"英国广播员罗伯特·罗宾逊（Robert Robinson）则用一句"美国的国菜就是菜单本身"否定了整个北美大陆。

### 欧陆式早餐

同一年，猪小姐皮吉在《猪小姐皮吉的人生指南》中建议道："欧陆式早餐量很少，通常只是一壶咖啡或茶和一只看起来像个手

提箱把手的小卷饼。我的建议是不要停留，直奔午饭而去。"关于中国菜，猪小姐皮吉认为："你也不会用叉子做针线活，我觉得没有理由用毛衣针来吃饭。"

### 洛基山牡蛎

1982 年，蒙大拿州克林顿镇（Clinton, Montana）举办了第一届睾丸节，在这项活动中，游客每年消费掉超过 2 吨公牛睾丸。最受喜欢的做法之一是所谓"落基山牡蛎"，显然长久以来就深受牛仔们宠爱：

首先阉割了你的小牛犊，把睾丸扔进一桶水里。

然后剥去睾丸的皮，清洗一下，切成椭圆形。

把这些椭圆形块在混合的面粉、玉米粉、打好的鸡蛋、盐和胡椒中滚一下，然后下锅油炸。

上菜时配以辣椒酱。

其他睾丸菜肴的委婉名称包括大草原牡蛎、农庄之珠、牛仔鱼子酱、油炸杂碎，晃动的牛肉和蒙大拿州软下腹等。法国人称之为 animelles，而希腊人将它们加入一种叫做 kokortsi 的内脏炖菜里。

# /1984 年 /

英国食物第七部分：在饮茶之道上的领先地位

威尔弗里德·希德（Wilfrid Sheed）为《GQ》杂志写了一篇题为《以偏见为荣》的文章，在其中他认为：

英国菜总体而言是如此的陈腐，因此在文明世界中，多年以来都存在一条君子协定，允许英国人在饮茶之道上占据领先地位——这毕竟除了煮开水以外，基本不需要什么其他能力。

若干年前，我们在《玛琳·黛德丽的 ABC》（*Marlene Dietrich's ABC*，1962 年）中曾经读到：

英国人有一条从来未曾剪断过的脐带，茶水在其中不断流过。在突如其来的恐怖事件、悲剧或灾难发生的时候，他们的表现是奇特的。一切的节奏显然都停止了，在"一杯好茶"迅速地沏好之前，什么也不会做，任何行动都不会实施。

更早之前，希莱尔·贝洛克（Hilaire Belloc）曾称："要是我早知道拉丁语里没有茶这个词汇，我就不会理会这种粗俗的东西了。"

### 猴脑的传说

在《倾听者》（*Listener*）杂志上，著名美食作家德里克·库珀（Derek Cooper）试图揭露一个传说，在远东，某些富裕的中国人嗜好一种特殊的食物：猴脑，是在猴子仍然活着的时候从它们的头颅中舀出来的。据称，这些不幸的生物被捆绑在桌子中央的某种装置里，而食客们就在桌上大快朵颐。在《牛津食品手册》（*The Oxford Companion to Food*，1999 年）中，另一位著名的美食作家艾伦·戴维森（Alan Davidson）表示，这个谣传的源头可能就是库珀本人。

# /1985 年/

### 芦笋的社会学

亚利桑那大学比尔·拉什（Bill Rathje）教授在分析人们的垃

坂中丢弃的芦笋茎后，得出结论："收入越高的人，割去芦笋顶端的部位越高。"

### 非常特殊的陈酒

在佳士得（Christie's）拍卖行，一瓶1787年的拉菲城堡（Château Lafite）葡萄酒拍出了10.5万英镑。这个年份的葡萄酒已经完全不能喝了，但是这瓶酒的第一位拥有者赋予了它如此特别的意义。这不是别人，正是托马斯·杰斐逊（Thomas Jefferson），美国的开国元勋之一和第三任总统。

### 危险的甜味

奥地利的葡萄酒业遭到一场重大丑闻的打击，这一年生产的数百万瓶葡萄酒被发现含有千分之一的二甘醇——汽车防冻液——以增加额外的甜味。

# /1990 年 /

### 反对西兰花

美国总统老乔治·布什（George Bush Snr）在这年3月22日一次新闻发布会上公开谴责他最不喜欢的蔬菜：

我不喜欢西兰花，自从小时候我母亲强迫我吃的时候起就不曾喜欢过。现在我是美国总统了，我再也不打算吃西兰花了。这是我最后一次谈及西兰花。就在这一刻，华盛顿有一卡车西兰花正在卸货。我的家庭已经产生分歧，就为了这个西兰花表决：芭芭拉（Barbara）爱吃西兰花，她还企图让我也吃，她自己就一直在吃。所以她应该去迎接这个开进城来的西兰花车队。

美国的西兰花种植者被激怒了，他们在白宫的台阶上倾倒了10 吨这种蔬菜。"请全国人民等一下，听听我对花菜的感受，"总统打趣说。他继续谴责胡萝卜是"橙色的西兰花"。

## /1992 年 /

### 口香糖禁令

在发生了数次丢弃在列车门上，造成城市公共运输系统完全崩溃的事故之后，新加坡禁止口香糖的进口、销售和拥有。来自美国的压力导致 2004 年部分解除禁令，"治疗用"无糖口香糖再一次被允许进口。

## /1993 年 /

### 克里斯·P. 胡萝卜的不幸遭遇

在事件发生十年后，《滚石》（*Rolling Stone*）报道了下面的故事：

善待动物组织（People for the Ethical Treatment of Animals, PETA）用一批可爱的动物吉祥物（进行宣传），其中许多都遭遇过公众的恶意对待。1993 年 9 月在爱荷华州得梅因（Des Moines, Iowa）道格拉斯（Douglas）小学的一场演出就变成一幕丑剧，一群挥舞着肉品的小孩攻击了 PETA 的素食主义吉祥物克里斯·P. 胡萝卜。孩子们把牛肉干塞进胡萝卜先生的服装里，然后沿街追逐他。一位震惊的电视台记者抓住其中一个男孩，说："你们别管那只胡萝卜了！"其余的孩子高呼："PETA 滚蛋！我们爱吃肉！"并在胡萝卜先生驾车逃走时向他的厢式货车投掷博洛尼亚香肠。

## /1995 年 /

### 蜗牛粥

富有创新精神，而且几乎完全依靠自学成才的英国大厨赫斯顿·布卢门撒尔（Heston Blumenthal）在伯克郡（Berkshire）的布雷（Bray）开办了他的肥鸭餐厅（The Fat Duck）。一开始不是很顺利，开张的第二天，烤炉就爆炸了，布卢门撒尔不得不在头上套一袋冻豌豆，继续工作。尽管遭遇这些挫折，布卢门撒尔还是因为他异想天开而又合乎科学、完全抛弃既有规则的创新工作，并且创造出酥皮甜菜根甜点、培根鸡蛋冰淇淋和蜗牛粥这些新菜而获得巨大声誉（以及米其林三星）。

## /1996 年 /

### 在西伯利亚用餐

在一篇送到牛津食物与烹饪研讨会（Oxford Symposium on Food and Cookery）的论文《生的肝脏及其他》中，莎朗·哈金斯（Sharon Hudgins）描述了居住在南西伯利亚贝加尔湖周围的布里亚特人（Buryat）的一道特色菜：

摆在我面前的是羊胃，其中装满了新鲜牛奶、新鲜羊血、大蒜和葱的混合物，用羊肠捆扎好，与其他的羊肉在一个锅里煮。我们的女主人俯下身来，切下了胃的顶部。其中的内容还没有煮熟，血液渗到我的盘子上。她取来一把大勺子，舀出一些半凝固的内容物，把满满一勺子递给了我……

# /1998 年 /

## 蝉和霞多丽白葡萄酒

博物学家戴维·乔治·戈登（David George Gordon）这一年出版了《吃昆虫菜谱》（*Eat-a-Bug Cookbook*），鼓吹吃昆虫美食的乐趣。戈登指出，美国食品药品监督管理局允许每 100 克冰冻西兰花中含有 60 只蚜虫，每 200 克番茄汁中不超过 3 只果蝇的蛆，每个花生酱和果冻三明治中不超过 56 块昆虫碎片。他随后提供了大量蜜蜂、蚂蚁、蝗虫、蟋蟀和蝗虫的菜谱。对于蝉来说，若虫（有芦笋的味道）可以做成香喷喷的比萨饼馅料，成虫则松脆而有坚果风味，最适合佐之以一杯霞多丽白葡萄酒。

在美国，每 13 年或 17 年（视种类不同而不同）同时涌现的数以百万计的成年蝉，会提醒许多厨师拂去一些传统食谱上的灰尘。有些人喜欢用黄油和大蒜炒蝉吃，还有些人则将其塞进香蕉面包或大黄馅饼里烤熟吃，不过许多人只是把蝉蘸一下巧克力，就当零食吃了。2011 年（13 年周期的一个年份），密苏里州一个富有魄力的冰淇淋店铺供应浇上红糖和牛奶巧克力的煮蝉，并将其拌入红糖和牛奶巧克力冰激凌。不过，当地的环境卫生部门却建议这家店停止销售。

## 维也纳蔬菜管弦乐队

维也纳一些富有创意的年轻音乐家、视觉艺术家、作家和其他创意人才组成了蔬菜管弦乐队，该乐队以使用新鲜和干燥的植物材料做成的乐器演奏而闻名，有胡萝卜、韭菜、芹菜根、洋蓟、干南瓜和洋葱皮等。正如乐团的网站所说：

蔬菜乐器所产生的声音，其层次令人惊讶的丰富：有透明的有清脆的、有尖锐的有沉重的、有阴暗的有催眠的、有舞蹈的有流行的——大量异构的声学精品和奇异、新鲜的声音，其有机源头并不总是马上就能被识别出来……蔬菜管弦乐队的音乐没有界限。最多样化的音乐风格在这里融合——现代音乐、以节拍为基础的浩室乐曲、实验电子乐、自由爵士乐、噪音、Dub、Clicks'n'Cuts——乐队的音乐范畴始终在扩展，而常常是新研制出来的乐器及其内在的声音特质决定了发展的方向。

在每次表演结束后，乐器都会被做成新鲜蔬菜汤，供听众分享。

21世纪

## /2000 年 /

### 纠正一个形象问题

由于西梅干的销量在 20 世纪 90 年代一直在稳步下降——主要是因为这一产品的形象一直是一种老年人的泻药——加利福尼亚梅干协会向食品药品监督管理局（Food and Drug Administration）游说，请求允许修改品名。最终在 2000 年，FDA 心软了，于是西梅干正式改名为"干梅子"。

## /2001 年 /

### 什么最优先

乔治·W. 布什总统上任伊始，首先采取的行动之一，就是要在白宫菜单上添加一道新项目：花生酱和果冻三明治。

### 英国的新国菜

为了向多元文化的时代精神致敬，外交大臣罗宾·库克（Robin Cook）宣布印度咖喱烤鸡（chicken tikka masala）成为英国的新国菜。评论家们立即谴责这道菜作为英国人的发明，正是一个实例，显示这个国家倾向于仿冒原创于国外的菜，以迎合英国普通人浅薄的口味。至于印度咖喱烤鸡本身，据说来源于一家印度餐厅的一位顾客抱怨其串烧鸡肉（Chicken tikka）太干了，于是厨师把一罐金宝（Campbell）番茄汤罐头与一些奶油和香料混合在一起，浇在鸡肉上。一道传奇名菜就此诞生了。

使得烹饪/文化的熔炉更加混乱的一点是，有必要指出英国大多数的印度餐厅实际上是由孟加拉国人开的。此外，直到20世纪90年代，这其中的大多数店主都是来自孟加拉国东北角的锡尔赫特（Sylhet）市里一个小区域的亲戚和邻居。

### 冰岛美味

在这一年12月27日的《星期日电讯报》（*Sunday Telegraph*）上，旅行作家乔纳森·杨（Jonathan Young）描述了他在冰岛的一次经历：

"首先你在肉上撒尿，然后埋在土里四个月，再挖出来生吃，"罗夫特（Loftur）解释说，朝我们推过来一碟格陵兰鲨鱼肉丁。听起来像个笑话……

"不，这是真的，它是传统的冰岛菜，"罗夫特坚持道，丢进嘴里一块不太新鲜的灰色肉丁并吞下一杯 brennivin（字面意思就是"烧酒"）。"继续！"

感觉并不难吃——只要记住不要呼吸。一旦呼吸一下，腐烂鲨鱼肉的氨味就给我的肺一记重击，并威胁要把昨天的早餐轰出来。

# /2003 年 /

## 全世界最贵的沙拉

牛津郡四季庄园（Le Manoir Aux Quat' Saisons）的主厨雷蒙德·布兰克（Raymond Blanc），在伦敦贝斯沃特（Bayswater）亨佩尔（Hempel）酒店举行的一场特殊活动上推出了"弗洛丽特（Florette）海陆沙拉"。按照每份的成本排列，这一创新菜肴含有下列成分：

土豆 50 便士

罗马诺红辣椒 50 便士

让·玛丽科尔尼尔磨坊橄榄油 50 便士

弗洛丽特嫩叶沙拉 50 便士

康沃尔蟹 2 英镑

30 年陈意大利黑醋 3 英镑

康沃尔龙虾 5 英镑

鱼篓捕捉的挪威海螯虾 5 英镑

松露 5 英镑

金箔 5 英镑

鲟鱼鱼子酱 9 英镑

阿尔玛斯（Almas）金色鱼子酱 600 英镑（50 克）

松露和鱼子酱装在一只用南瓜、红辣椒和土豆手工制成的篮子里，并饰以金箔，每份菜总的成本是 635.60 英镑。阿尔马斯金色鱼子酱曾经专供俄国沙皇，售价为每千克 12000 英镑。

## 拒绝改名为素食堡的城市

汉堡的动物权利活动分子为该市提出了一项他们认为难以拒

绝的建议：他们说如果汉堡更名为素食堡（Veggieburg）他们会捐出 1 万欧元给保育团体。"这种废话我一眼也不想看，"该市的发言人表示。"但是，这并不意味着我们汉堡人没有幽默感。"

### 希特勒酒引起骚动

当德国司法部长要求意大利政府禁止销售所谓的元首酒时，发生了一场疑似外交风波，这种酒每年销售 3 万瓶，主要卖给德国游客。酒标上有个希特勒的图片，以及类似于"鲜血与光荣"和"一个民族，一个帝国，一个元首"之类的纳粹口号。意大利亚历山德罗·卢纳德利（Alessandro Lunardelli）酒厂生产元首酒已经有五年了，其他还有纪念墨索里尼和斯大林的酒。

# /2004 年 /

### 威尔士威士忌

在本年的圣大卫日，威尔士威士忌公司（Y Cwmni Wisgi Cymreig）推出了 Penderyn 单一麦芽威士忌。这家厂商声称，威士忌也是威尔士的传统，这种大麦制造的烈酒在那里被称为 gwirod。相传，最初的 gwirod 于公元 4 世纪在巴德西（Bardsey）岛（被称为"2 万圣徒岛"）由一个名叫 Reaullt Hir 的人蒸馏出来。数个世纪之后的 1705 年，一家商业蒸馏酿酒厂在彭布罗克郡戴尔（Dale, Pembrokeshire）开业，后来厂主的一个亲戚埃文·威廉姆斯（Evan Williams）移民到美国，在那里，他帮助建立了肯塔基州的威士忌产业——这使一些人声称杰克丹尼（Jack Daniels）威士忌也有威尔士的渊源。随着教会主导的禁酒运动在威尔士传播，消灭了威尔士的蒸馏酒业，最后一家蒸馏酒厂（在巴拉 Bala 附近的 Frongoch）

于 1896 年关闭。

### 獾的两种做法

安妮和让——克洛德·莫林尼尔（Annie and Jean-Claude Molinier）在其 2004 年的著作《被遗忘的美食》（*Les Cuisines oubliées*）中，提供了许多早已被人忘却的法国乡村菜谱，包括炖河狸、烤刺猬、煮松鼠和黏土烤喜鹊，甚至还有狐狸的烧法——先要剥皮并放在河里冲洗三天才能煮（但是仍然不好吃）。至于獾，最好的做法是猪血獾肉（blaireau au sang）：

先用雅文邑白兰地酒点火烧獾肉。

然后再用白葡萄酒与生姜、鸡蛋和奶油文火煨煮。

最后在上菜前，在盘中倒入一杯猪血。

在盎格鲁-撒克逊时期的英格兰，在白桦木的火上慢慢熏制的獾肉也是一道美味。最好在秋天捕捉獾，这时它已经长出厚厚一层脂肪，准备过冬。

# /2006 年 /

### 慈父领袖大嚼巨型兔的传言

德国最大的兔子罗伯特，重达 23 磅 2 盎司（合 10.5 千克），美丽的耳朵有 8 英寸（合 20 厘米）长，被邀请与他另外 11 只像狗一样大的同伴前往朝鲜，目的是建立一个养殖场，以解决该国的粮食短缺问题。因为急于伸出援手，罗伯特的饲养者，67 岁的卡尔·斯莫林斯基（Karl Szmolinsky）给朝鲜提供了低廉的售价。斯莫林斯基曾期待访问朝鲜，以检查养殖设施，但朝鲜人临时取消了他的行程。斯莫林斯基怀疑发生了最坏的情况，他相信罗伯特和他的亲戚朋友们都已经在 2007 年 1 月朝鲜"慈父领袖"金正日的生日宴会上被吃掉了。朝鲜驻柏林大使馆否认了这项指控。

## /2007 年 /

### 什么都吃先生去世

这一年 6 月 25 日，米歇尔·洛蒂托（Michel Lotito）——他的艺名"什么都吃先生（Monsieur Mangetout）"更加为人所知——死于自然原因，终年 57 岁。他因为吃下各种无法消化的材料而闻名，如金属、玻璃、橡胶等，在他的职业生涯中，他设法吃下了若干自行车、电视机、购物手推车，甚至是——前后用了两年时间——吃掉了一架赛斯纳（Cessna）150 轻型飞机。给他做体检的医生发现他的胃黏膜有大多数人的两倍厚，这或许能够部分地解释他为什么没有出现不良后果。喝下大量的水和矿物油似乎也有助于螺母和螺栓滑过他的消化系统。

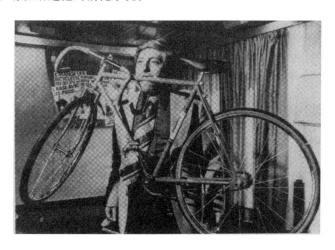

## /2008 年 /

### 彻底清洗睾丸

塞尔维亚大厨柳博米尔·埃洛维奇（Ljubomir Erovic）出版了《睾丸菜谱》（*The Testicle Cookbook*）。书里的睾丸馅饼菜谱包括有下列要求："彻底清洗睾丸，煮 30~ 45 分钟。一旦煮软，就用绞肉机绞碎。"

## /2009 年 /

### 河豚生殖腺的危险性

日本有七名食客在一家没有专门执照的餐厅吃了烤河豚睾丸后，罹患呼吸困难及下肢瘫痪的严重疾病，这种食材如果没有正确处理的话，就会含有剧毒。

### 归功于意大利面条

身材匀称的意大利影星索菲亚·罗兰（Sophia Loren）否认曾说过一句被频繁引用的话，即"你看到的一切，我都归功于意大利面条"。

## /2010 年 /

### 顶级美酒

一只由勒内·拉利克（Rene Lalique）制作的 1.5 升容量的雕花玻璃酒瓶中所装的 64 年陈麦卡伦（Macallan）威士忌，在纽约一次拍卖会上拍出 46 万美元（折合 28 万英镑），这是威士忌酒价格的最高纪录。拍卖所得捐给了一家洁净水慈善基金会。

# /2011 年 /

### 人肉咖喱的传言

巴基斯坦警察逮捕了两兄弟，指控他们挖掘出新近下葬的 24 岁女子的尸体，并将其双腿的肉做成了咖喱菜。警方表示由于母亲去世，他们的妻子都离开所带来的精神打击，这两兄弟可能十年以来一直在这么做。虽然巴基斯坦并没有禁止食人的法律，但亵渎坟墓是违法的。

### 中国的爆炸西瓜

中国东部的农民在给西瓜地使用了一种生长加速剂氯吡脲之后，感到相当震惊。显然他们给自己的作物喷洒的时间太晚了，环境条件也过于潮湿，结果西瓜"像地雷一样"爆炸了。中国中央电视台报道说，农民刘明锁（音译）一天早上数出 80 只爆裂的西瓜；到了下午又有 20 只炸开了，瓜子、瓜皮和瓜肉飞溅得到处都是。中国农业过度依赖化学品，已经引起普遍的恐慌，已曝光出的事件包括稻米中含有重金属镉、蘑菇中含有漂白剂、牛奶中添加了有毒的三聚氰胺、酱油掺入砷，以及用加入硼砂的猪肉冒充牛肉。

### 太空旅客的啤酒

两位澳大利亚企业家，4 松（4 Pines）啤酒公司的雅龙·米切尔（Jaron Mitchell）与军刀航天（Saber Astronautics）空间技术公司的杰森·海尔德（Jason Held）宣布他们正在开发东方 4 松烈性黑啤酒（Vostok 4 Pines Stout），一种浓郁的啤酒，专门针对将由俄罗斯人或理查德·布兰森（Richard Branson）所构想的维珍银河（Virgin Galactic）公司送上太空的游客所设计。一款能够在零重力条件下享用的啤酒，还有许多问题需要克服：在这样的条件下，舌头会肿胀，因而味觉减退；人体吸收酒精的方式也将难以预测；气泡和液体将难以分离，这将造成一种叫做"打湿嗝"的难受现象，即气体和液体一起涌出来。

## 辣根警报

日本滋贺医科大学（Shiga University of Medical Science）一组科学家获得了 2011 年搞笑诺贝尔（Ig Nobel prize）化学奖，以表彰他们发明了一套警报装置，可以为聋哑人提供火灾或其他报警。这套装置通过释放稀释的山葵（日本辣根）来发挥作用，这种辛辣气味如此强烈，以至于其对鼻子的刺激作用能把处于最深度睡眠的人唤醒。

## 宝贝嘎嘎母乳冰激凌传奇

冰激凌主义者（Icecreamists），一家位于伦敦科文特花园（Covent Garden）的冰激凌店推出了新产品，售价为 14 英镑一份。这种特殊的冰激凌，以马达加斯加香草豆荚和柠檬皮调味，装在鸡尾酒杯中，配以面包干，其中含有一种独特的成分——人类母乳。愿意奉献的哺乳期母亲要通过血液测试筛选，使用吸奶器吸奶，每 10 盎司母乳可以挣到 15 英镑。冰淇淋主义者给新产品命名为"宝贝嘎嘎（Baby Gaga）"，这促使那位艺名为 Lady Gaga 的美国歌手——她曾经身穿生肉制成的衣服出现——威胁采取法律行动。冰激凌主义者的店主马特·奥康纳（Matt O'Connor）挺身而出接受挑战，他告诉记者：

　　这位全球超级巨星为了她称之为"令人恶心"的产品发火了。这话竟然出自一位酷爱身穿腐烂牛肉做的衣服的女性。至少为我们的"艺术品"做贡献的人还活着呢。她声称我们"搭她的名气的便车"。作为一位……在整个流行文化的旧目录里进行工业化规模的旧货回收，才能创作出自己的造型、音乐和视频的人士，她做出这样的指控之前需要三思。她怎么敢声称自己拥有"嘎嘎"这个词的所有权？这自古以来就是婴儿能发出的第一个能够分辨的词汇嘛。

　　Lady Gaga 不是唯一一个来找麻烦的。健康保护局（Health Protection Agency）和食品标准局（Food Standards Agency）也表达了他们的担忧，结果威斯敏斯特议会（Westminster Council）的官员移除了店里的宝贝嘎嘎存货。